ESSENTIAL

COCKTAIL

150가지 레시피를 담은 완벽한 칵테일 가이드북

매건 크릭바움 엮음

대니얼 크레이거 사진

공민희 옮김

디자인이음

CONTENTS

들어가는 말 — 1
칵테일의 핵심 요소 — 5
칵테일 가계도 — 6
재료 — 9
기법 — 21
도구 — 23
글라스웨어 — 26
각종 가니시 — 28
클래식 레시피 — 31
모던 레시피 — 203
시럽 — 332
색인 — 334

RECIPE LIST

클래식 레시피

스터드 기법

아도니스 34
뱀부 45
비쥬 51
불바르디에 59
브루클린 60
드 라 루이지애나 81
깁슨 91
임프루브드 위스키 칵테일 107
맨해튼 114
마르티네즈 118
마티니 121
네그로니 135
올드 팔 141
올드 패션 142
리멤버 더 메인 164
롭 로이 167
사제락 168
티 펀치 186
턱시도 190
베스퍼 193
뷰 카레 194

셰이크 기법

압생트 프라페 32
에어메일 37
에비에이션 42
비즈 니즈 47
블러드 앤 샌드 55
블러디 메리 56
브라운 더비 63
클로버 클럽 70
콥스 리바이버 넘버 2 73
다이키리 74
플로로도라 85
프렌치 75 86
가리발디 89
김렛 92
진 데이지(구버전과 신버전) 97
진 피즈 98
진 사워 102
헤밍웨이 다이키리 105
정글 버그 108
라스트 워드 111
마이 타이 113
마가리타 117
멕시칸 파이어링 스쿼드 122
밀리오네어 칵테일 127
뉴욕 사워 138
페인킬러 114
팔로마 147
페구 클럽 148
피스코 소다 157
플랜터스 펀치 158
라모스 진 피즈 163
셰리 코블러 173
셰리 플립 175
사이드카 177
싱가포르 슬링 178
슬로 진 피즈 181
사우스사이드 182
톰 콜린스 189
위스키 사워 198
좀비 200

빌드 기법

아메리카노 38
아페롤 스프리츠 41
비시클레타 48
블랙 벨벳 52
카이피리냐 64
샴페인 칵테일 67
다크 '앤' 스토미 78
데스 인 디 애프터눈 82

진토닉 95
진 리키 101
미첼라다 124
민트 줄렙 128
모히토 131
모스크바 뮬 132
네그로니 스바글리아토 136
핌스 컵 152
퀸스 파크 스위즐 160
스톤 펜스 185
위스키 스매시 197

프로즌 기법
피나 콜라다 154

라지 포맷
찰스 디킨스의 펀치 69
다니엘 웹스터의 펀치 77
필라델피아 피시 하우스 펀치 151
스콜피온 볼 170

모던 레시피

스터드 기법
아치엔젤 211
벤턴스 올드 패션 214
부 래들리 223
피티 피티 마티니 238
플랫아이언 마티니 242
진 블로섬 249
라틴 트리펙타 268
나토마 스트리트 281
오악사카 올드패션 282
올드 히코리 285
옥스퍼드 콤마 286
레드 훅 303
리볼버 304
리듬 앤 소울 307
사쿠라 마티니 313
도쿄 드리프트 320
트라이던트 323
화이트 네그로니 327

셰이크 기법
앙고스트라 콜라다 208
셰빌리아의 이발사 212
비터 인텐션스 217
비터 마이 타이 218
비터 톰 221
브램블 224
샤르트뢰즈 스위즐 230
코스모폴리탄 233
필리버스터 237
플란넬 셔츠 241
하트 쉐입드 박스 255
이탈리안 벅 260
조글링 보드 263
켄터키 벅 264
라 봄바 다이키리 267
레프티즈 피즈 270
롱 아일랜드 바 김렛 273
모트 앤 멀베리 277
마운틴 맨 278
페이퍼 플레인 290
페니실린 294
폼펠모 사워 299
파파스 프라이드 300
로마 위드 어 뷰 309
세컨드 서브 314
웨더드 엑스 324
화이트 러시안 331

빌드 기법
아메리칸 트릴로지 205
아메리카노 퍼펙토 207
캄파리 래들러 229

진 앤 주스 246
글래스고 뮬 250
고투 252
홉 오버 259
멕시칸 트라이시클 274
파당 스위즐 289
로얄 핌스 컵 310
서프레스 #1 319
화이트 네그로니 스바글리아토 328

프로즌 기법

브란콜라다 226
프로즌 네그로니 245
피나 베르데 297
쇼 미 스테이트 317

라지 포맷

도로시스 딜라이트 324
히비스커스 펀치 로얄 256
패리시 홀 펀치 293

들어가는 말

최초의 펀치(punch)가 등장한 이후 지난 300년 동안 음주 역사 전반에 클래식 칵테일이라는 견고한 토대가 자리 잡았다. 이 검증된 레시피들은 개별 칵테일의 특색을 잘 살리고 최상의 맛을 유지하면서 칵테일의 표본으로 존중받는다. 뉴욕의 바텐더 샘 로스(Sam Ross)는 "클래식 칵테일 레시피는 균형이 잘 잡혀 있다."라고 설명한다. 요즘 바에 등장하는 새로운 칵테일 상당수가 이 기존 레시피를 토대로 발전한 것이다. 기본 공식은 세월이 흘러도 변함없이 통한다는 의미다. 또한 열정과 창의력으로 무장한 바텐더가 엄청나게 늘어나는 한편 지난 15년간 수제 증류주가 폭발적으로 증가하여 시장에 침투하면서 이제 세계 어느 도시에서든 제대로 된 칵테일을 즐길 수 있다. 칵테일 르네상스가 열린 와중에 듣지도 보지도 못한 재료와 직접 만든 시럽이라는 특이한 조합으로 이루어진 기상천외한 칵테일이 넘쳐나는 현상이 생겼다. 그들 중 어떤 칵테일이 세대를 이어 보존할 가치가 있을까? 현대적으로 해석한 모던 칵테일 중 최고로 평가되는 것들은 클래식 칵테일의 표본에서 그리 멀리 가지 않고 신중하게 창의력을 발휘하여 재구성했다는 특징이 있다. 칵테일을 구성하는 재료의 비율은 말할 필요조차 없이 칵테일의 특성, 역사, 본질을 이해한다면 그야말로 가장 훌륭한 바텐더라고 할 수 있다.

이 책에는 150가지 칵테일 레시피를 수록했다. 김렛(Gimlet)부터 올드 패션(Old-Fashioned)에 이르기까지 클래식 칵테일을 전부 펼쳐냈으며, 이들을 제대로 변형한 모던 칵테일을 당대 최고의 바텐더들이 알려준 최고의 비법으로 소개한다. 클래식 표본이 존재하나 모던 칵테일로 변형하는 매우 엄격한 공식이 따로 있는 것은 아니다. 실제로 칵테일은 여러 차례 시행착오를 거치며 만들어진다. 가장 기본이 되는 클래식 레시피는 모듈러 건축 기법으로 이루어졌다. 스피릿을 베이스로 하여 시트러스, 설탕 악긴, 비터스 1dash(3~6 방울-옮긴이)를 차곡차곡 쌓는다. 위스키를 베이스로 하는 칵테일의 경우 베이스를 애플잭(applejack)으로 바꾸고 나머지 비율을 제대로 유지하면 완전히 색다른 칵테일을 즐길 수 있는 것이다.
클래식과 모던 칵테일을 함께 살피면 칵테일 가계도가 어떻게 뻗어나가는지 잘 알 수 있고 바텐더는 자신만의 색을 더할 수 있다. 이 책을 통해 클래식 레시피를 완벽하게 정복하고 훌륭한 모던 업데이트 버전을 공부하면서 어떤 리큐어(liquor)든 이를 베이스로 새로운 칵테일을 만들어보고 싶다는 느낌이 들길 바란다. 이어지는 장에서는 칵테일 제조 도구를 비롯해 일반적인 화이트 럼(white rum) 대신 파인애플 럼(pineapple rum)을 넣어 다이키리(Daiquiri)를 만들고, 브램블(Bramble)에 블랙베리 대신 라즈베리를 넣어 한여름에 즐기는 방법을 소개한다. 올드 패션에 비싼 일본 '위스키'를 베이스로 쓰는 호사를 누리거나 진토닉(Gin and Tonic)에 드라이 사이다를 추가하는 즐거움도 함께 선사한다.

BAR
ESSENTIALS

칵테일 가계도

바텐더가 제아무리 파격적인 변형을 했다 하더라도 칵테일은 가계도의 각 부분을 담당하는 클래식 레시피를 따른다. 기본으로 알아야 하는 칵테일의 베이스부터 하나씩 살펴보자.

펀치

모든 칵테일의 선조로 알려진 이 대용량 음료는 한 잔씩 즐기는 칵테일이 등장하기 훨씬 전인 18세기에 큰 인기를 누렸다. 클래식 펀치를 이루는 다섯 가지 핵심 재료는 스피릿, 설탕, 물, 향신료, 시트러스다.

사워(Sour)

펀치의 직계 후손인 클래식 사워는 베이스가 되는 스피릿(바텐더의 선택), 시트러스, 설탕, 물을 넣고 흔들어 얼음 없이 작은 잔에 따른다. 악명 높은 위스키 사워(Whiskey Sour, 198p), 다이키리(74p), 달걀흰자 거품을 풍성하게 올린 피스코 사워(Pisco Sour, 157p) 등이 있다.

피즈(Fizz)

스피릿, 시트러스, 설탕을 섞고 셀처(Seltzer)나 일반 탄산수를 올린 것이 기본 사워라면, 피즈는 얼음 없이 긴 잔에 내는 것이 특징이다. 전통적으로 진이 베이스가 되지만 이 공식만 따른다면 어떤 스피릿이라도 무방하다. 라모스 진 피즈(Ramos Gin Fizz, 163p)처럼 널리 알려진 피즈는 달걀흰자 거품을 맨 위에 올려 천상의 부드러움을 연출한다.

콜린스(Collins)

콜린스는 좀 더 큰 피즈로 얼음 위에 빌드(손님에게 내는 잔에 바로 만든다는 의미)하고 탄산수로 마무리한다. 가장 잘 알려진 콜린스는 톰 콜린스(Tom Collins, 189p)지만 플로로도라(Florodora, 85p) 같은 클래식도 기억해둘 가치가 충분하다.

칵테일

처음 칵테일이라는 용어가 나왔을 때(1800년대로 추정)는 스피릿, 설탕, 비터스에 물을 섞은 음료를 지칭했다. 시간이 흐르면서 모든 혼합 음료를 일컫는 용어로 변했고, 원래의 정의는 이 가계도에 속하는 맨해튼(Manhattan, 114p), 올드 패션(142p), 마티니(Martini, 121p) 등을 가리키는 말이 되었다.

플립(Flip)

칵테일 가계도에서 가장 오랜 역사를 자랑한다. 1600년대 후반 처음 등장해 맥주, 럼, 설탕을 고열로 함께 조려낸 음료를 부르는 용어로 사용했다. 19세기 들어 살짝 가벼워져 스피릿이나 강화 와인을 베이스로 쓰고 설탕과 달걀을 넣어 흔든 다음 육두구 가루를 뿌려서 완성한다. 셰리 플립(Sherry Flip, 175p)이 장수하는 훌륭한 표본이다.

스파클링(Sparkling)

스파클링은 여러 부류로 나뉜다. 우선 샴페인 칵테일(Champagne Cocktail, 67p)과 그 변종이 왕가에서 재빨리 유행했는데, 베이스가 아닌 잔 맨 위에 샴페인이나 스파클링 와인을 부은 술을 일컬었다. 1900년대 초 이탈리아 북부 식전주에서 기원했으며 쓴맛이 나는 리큐어, 스파클링 와인, 스파클링 워터를 전부 얼음 위에 부어 내는 술을 말한다. 공식이 쉬워서 수백 가지 변형이 존재하는데 그중 가장 잘 알려진 칵테일은 아페롤 스프리츠(Aperol Spritz, 41p)다.

줄렙(Julep)

켄터키 더비(Kentucky Derby, 영국의 더비를 모방하여 1875년에 창설된 미국의 경마 레이스-옮긴이)와 연관 있다고 악명이 높지만, 전통적인 남부 레시피는 으깬 얼음 위에 스피릿, 설탕, 민트를 올리는 방식이며 경마보다 100년쯤 앞서 등장했다. 정확한 기원과 레시피에 대해서는 논란이 분분하나 간단히 정리하자면 1700년대 말 버지니아에서 귀족들이 마시던 음료라는 설이 가장 유력하다. 미국 남북전쟁 직후 남부 지역이 피폐해지면서 버번(Bourbon)이 사랑받기 시작하고 포도나무뿌리진디가 발발하면서 브랜디(Brandy)가 자취를 감춘 덕분이다.

코블러(Cobbler)

1800년대 후반 펀치의 또 다른 계승자인 코블러가 등장했다. 스피릿, 설탕, 으깬 얼음, 과일을 섞고 빨대를 꽂아서 내는 방식이다. 이 분야에서 가장 유명한 셰리 코블러(Sherry Cobbler, 173p)는 최근 셰리주의 인기가 높아지면서 진정한 부흥기를 즐기는 중이다. 코블러는 변형이 쉽고 제철 과일을 활용할 수 있어서 좋다. 한여름에는 라즈베리를 레몬과 섞고, 가을에는 크랜베리와 오렌지를 매치한다.

티키(Tiki)

1930년대 로스앤젤레스에서 바를 운영하던 돈 비치(Donn Beach, 일명 돈 더 비치콤버Don the Beachcomber)가 만든 티키 칵테일은 중독성이 강한 맛, 수많은 재료, 과도하다 싶은 가니시로 유명세를 탔다. 여러 가지 럼을 다른 스피릿에 섞고 따뜻한 향신료, 코코넛, 열대과일을 넣는데, 현대식 버전은 다른 스피릿을 베이스로 활용한다. 심지어 아마리(Amari)를 쓰기도 한다.

맥주

맥주 칵테일 분야에서 섄디(Shandies), 라들러(Radlers), 미첼라다(Micheladas)가 가장 잘 알려졌으나 바텐더들은 1800년대 중반부터 맥주를 여러 가지 방식으로 칵테일에 사용해왔다. 맥주의 맛을 더 높이려고 벌인 일이 풍미가 뛰어나고 알코올 도수가 낮으며 신기한 맛 조합에다 아침을 상쾌하게 깨우는 거품 음료의 탄생으로 진화한 것이다.

재료

전문 바텐더로 일하든 집에서 취미로 하든 관계없이 어떤 칵테일도 만들 수 있는 제대로 된 베이스, 꼭 필요한 도구와 글라스웨어를 갖춘 작은 무기고가 있어야 한다. 모든 걸 빠짐없이 준비하라는 말은 아니다. 진, 럼, 테킬라(tequila), 보드카(vodka), 위스키만 준비하면 바라고 볼 수 있으며, 만드는 이의 취향과 칵테일 유형에 맞출 만한 다른 술이 있다면 더 좋다. 티키를 사랑한다면 아몬드 시럽이 빠질 수 없다. 탄산을 좋아한다고? 식전주로 쓰는 리큐어와 아마리에 투자해보자. 어디서부터 시작할지 감이 안 온다면 클래식 레시피의 간단한 메뉴를 보고 기본에 더하는 방법도 좋다. 지금부터 꼭 필요한 재료를 비롯하여 레벨업을 위해 엄선한 재료를 살펴보자.

진

가장 기본적인 수준에서 진이란 노간주 열매의 함량이 높은 증류주를 말한다. 이 밖에 특별히 엄격한 기준은 없다. 어디에서나 여러 가지 방식으로 만들 수 있으며, 노간주나무 말고 다른 식물을 써서 증류하는 방식과 설탕 함량에 따라 질감이 달라진다.

런던 드라이진(London Dry Gin) _______ 19세기 영국이 진에 푹 빠진 이후 화이트칼라의 고전 음료가 되었다. 런던 드라이 진은 깔끔하고 단맛이 없으며 노간주 열매의 향이 강해서 마티니에 적합하다.

플리머스 진(Plymouth Gin) _______ 영국 플리머스에서 기원했다. 런던 드라이 진과 매우 비슷한 스타일이며 호환 가능하지만 바디감이 좀 더 묵직하고 베이스의 맛이 더 진하다. 진 음료에 풍부한 질감을 주고 싶을 때 사용한다.

올드 톰 진(Old Tom Gin) ______ 살짝 달고 맥아 맛이 가미된 이 술은 금주법 시행 이전 스타일로 게네베르(Genever)와 런던 드라이 진 사이의 공백을 연결해준다. 당대의 클래식 주류, 특히 마르티네즈(Martinez, 118p)를 재창조해보려는 바텐더들 사이에서 인기가 치솟았다.

게네베르(Genever) ______ 진의 선조로 알려진 게네베르는 16세기 네덜란드에서 유래했다. 맥아 그레인 베이스에 올리는 술이며, 지금 우리가 아는 가볍고 향이 많은 진보다 태생적 요소가 덜한 맛이다.

슬로 진(Sloe Gin) ______ 붉은 기가 도는 보라색으로 야생 자두의 새콤달콤한 즙을 발효한 술이라 리큐어로 보는 건 적절하지 않다. 슬로 진 피즈(Sloe Gin Fizz, 181p)가 대표적이다. 과일 리큐어 베이스가 필요할 때 사용하는데, 특히 코블러나 샴페인 칵테일에 적합하다.

아메리칸(American) ______ 미국 수제 스피릿 제조 붐으로 시트러스에서 후추, 꽃향기에 이르는 다양한 풍미의 진이 등장했다. 알코올 함량(ABV)이 대략 60퍼센트로 도수가 높은 '네이비 스트렝스(Navy-strength)' 역시 최근 들어 인기가 높아졌다.

럼

카리브해 근방 거의 모든 국가에서 자체적으로 럼을 생산한다. 사탕수수 추출물을 베이스로 신선한 사탕수수즙, 사탕수수 시럽 혹은 당밀을 만든다. 이 베이스를 발효하여 포트 스틸이나 증류탑으로 증류하는데 두 가지 방식을 혼합해서 증류하는 경우도 많다. 증류 이후(혹은 캐러멜색을 입힌 다음) 오크 통에서 숙성하는 기간에 따라 럼의 색깔과 풍미가 결정되며 생산지의 지형도 럼에 영향을 미친다.

화이트 럼 ______ 무색에 단맛이 없고 오크 통이나 스틸 통에서 단기간 숙성하며 다이키리와 모히토(Mojito, 131p)를 만들 때 쓴다.

골든 럼(Golden Rum) ______ 갈색 오크 통에서 숙성하거나 추가로 캐러멜색을 입혀 연노란색 혹은 황금색을 띤다. 통에서 숙성하여 풍미가 한층 깊고 단맛이 나는데 종종 바닐라나 향신료의 맛도 느낄 수 있다.

다크 럼(Dark Rum) ______ 골든 럼보다 통에서 숙성한 시간이 길거나 색을 더 많이 입혀 한층 진하다. 통에서 숙성한 최고의 다크 럼은 진한 향신료, 바닐라, 황설탕의 맛이 느껴지고 버번처럼 그 자체로 마실 수 있다. 숙성 기간이 길어질수록 가격이 비싸다.

블랙 스트랩 럼(Black Strap Rum) ______ 검정에 가까울 정도로 색이 아주 진하며 매우 달고 풍미가 우수하다. 당밀이 발효되거나 추가로 캐러멜화한 공정 덕분에 진한 색이 나왔다.

럼 아그리콜(Rhum Agricole) ______ 풀향기가 나는 럼 아그리콜은 수확한 그 자리에서 바로 사탕수수즙을 내고 발효해서 만든다. 아그리콜은 숙성하지 않은 맑은 럼과 숙성해서 색이 진한 럼 두 종류가 있다.

테킬라

테킬라는 멕시코 서부 할리스코 지역과 다른 멕시코주 일부에서 자라는 블루 아가베(blue agave)의 중심부, 즉 피나(pina)로 만든다. 피나를 수확하고 찐 다음 즙을 추출해서 발효한 뒤 증류한다. 최종 산출물은 불순물을 걸러내기 위해 반드시 이중 증류(최소한)하고 몇 가지 숙성 규정에 따라야 한다고 법으로 명시해놓았다. 테킬라를 베이스로 하는 칵테일을 만들어보자. 다른 음료와 섞거나 그 자체로 즐겨도 좋다. 일반적으로 숙성하지 않은 블랑코 테킬라(blanco tequilas)는 한층 풋내가 나고 숙성한 것보다 좀 더 독하니 칵테일로 중화하기 딱 좋다. 반대로 아네호 테킬라(anejo tequila)는 최소 1년의 숙성 기간을 거쳐 두드러진 향을 머금은 터라 단독으로 즐기는 게 더 적합하다.

블랑코 ______ 실버(silver)나 플라타(plata)라고 부른다. 숙성하지 않아 투명하며 상당히 중성적인 맛이라 여러 가지 칵테일의 베이스로 활용한다.

레포사도(Reposado) ______ 황금빛이 돌며 통에서 2~11개월 숙성해 아주 은은한 나무 향이 느껴진다.

아녜호 ______ 나무통에서 1~3년간 숙성해 맛이 부드럽고 레포사도보다 향이 진하다. 제조 과정이 까다롭고 비싸서 칵테일보다는 그냥 마시는 쪽이 낫다.

메즈칼(Mezcal)

엄밀히 말하면 테킬라는 메즈칼의 하위 부류지 그 반대가 아니다. 메즈칼은 훈연 향이 뚜렷한 경우가 많은데, 아가베를 찌는 것이 아니라 돌과 나무에서 굽기 때문이다.

보드카

보드카는 무색무취라 바텐더들이 기피하는 술이었다. 그러나 추세가 바뀌어 지금은 모호하면서도 도수가 높은 보드카의 특성이 칵테일의 풍미를 증폭시키는 점을 발견하고 잘 활용하는 중이다. 100도 이상의 도수 높은 보드카가 특히 유용하다. 보드카는 밀, 감자, 사과, 퀴노아 등 어디서든 추출할 수 있다.

위스키

대표적인 몇 가지 위스키가 있지만, 바 전체를 위스키로 채워도 될 만큼 종류가 다양하다. 전 세계 많은 지역에서 곡물을 으깨 발효한 위스키를 제조하고 있으며 곡물의 종류와 증류 방식은 장소에 따라 천차만별이다. 괜찮은 버번, 라이 위스키(Rye whiskey), 스카치(Scotch)를 보유하고 있다면 혼합할 음료에 뚜렷한 특성을 가미해줄 것이다.

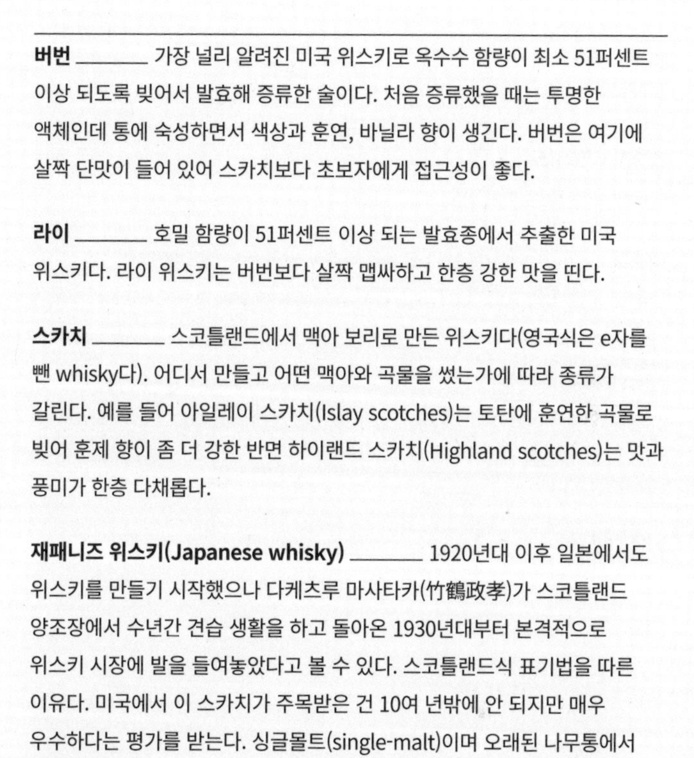

버번 ______ 가장 널리 알려진 미국 위스키로 옥수수 함량이 최소 51퍼센트 이상 되도록 빚어서 발효해 증류한 술이다. 처음 증류했을 때는 투명한 액체인데 통에 숙성하면서 색상과 훈연, 바닐라 향이 생긴다. 버번은 여기에 살짝 단맛이 들어 있어 스카치보다 초보자에게 접근성이 좋다.

라이 ______ 호밀 함량이 51퍼센트 이상 되는 발효종에서 추출한 미국 위스키다. 라이 위스키는 버번보다 살짝 맵싸하고 한층 강한 맛을 띤다.

스카치 ______ 스코틀랜드에서 맥아 보리로 만든 위스키다(영국식은 e자를 뺀 whisky다). 어디서 만들고 어떤 맥아와 곡물을 썼는가에 따라 종류가 갈린다. 예를 들어 아일레이 스카치(Islay scotches)는 토탄에 훈연한 곡물로 빚어 훈제 향이 좀 더 강한 반면 하이랜드 스카치(Highland scotches)는 맛과 풍미가 한층 다채롭다.

재패니즈 위스키(Japanese whisky) ______ 1920년대 이후 일본에서도 위스키를 만들기 시작했으나 다케츠루 마사타카(竹鶴政孝)가 스코틀랜드 양조장에서 수년간 견습 생활을 하고 돌아온 1930년대부터 본격적으로 위스키 시장에 발을 들여놓았다고 볼 수 있다. 스코틀랜드식 표기법을 따른 이유다. 미국에서 이 스카치가 주목받은 건 10여 년밖에 안 되지만 매우 우수하다는 평가를 받는다. 싱글몰트(single-malt)이며 오래된 나무통에서 숙성을 거친다.

브랜디

브랜디는 과일이나 과즙을 발효하여 증류한 술이다. 포도를 발효해 만든 프랑스산 코냑(Cognac)과 아르마냑(Armagnac)이 대표적이다. 법률상 브랜디는 알코올 도수 190 이하로 증류하고 병에 담았을 때 80 이상을 유지해야 한다.

코냑과 아르마냑 ______ 프랑스 샤랑트 지역의 포도를 증류한 최상급 브랜디는 엄청나게 비싸다. 잔에 다른 걸 넣지 말고 깔끔하게 즐기는 편이 현명하다. 하지만 코냑은 사이드카(Sidecar, 177p)와 프렌치 75(French 75, 86p) 같은 칵테일에서 중요한 역할을 하므로 일부 양조장에서 한층 저렴한 브랜디를 생산한다.

피스코 ______ 이 투명한 포도 브랜디의 기원을 두고 칠레와 페루가 각축전을 벌이고 있다. 어느 쪽이 원조든 칵테일에 많이 쓰이지 않으나, 거품이 있는 피스코 사워(157p)를 만들려면 준비해두는 편이 좋다.

오드비(Eau-de-vie) ______ 배, 체리, 라즈베리 같은 과일을 발효한 증류주다. 일반 과실주와 달리 달지 않아 음료로 활용할 때 설탕을 첨가해야 한다.

아쿠아비트(Aquabit)

아쿠아비트는 진과 함께 스칸디나비아에서 흔히 마시는 술로 노간주나무 대신 캐러웨이에 각종 허브와 향신료를 섞어 만든다. 진이나 보드카 베이스 대신 쓸 수 있다. 블러디 메리(Bloody Mary, 56p)에 넣으면 특별한 맛으로 즐길 수 있다.

카샤사(Cachaça)

사탕수수즙을 증류하여 전통에 따라 숙성 없이 병에 담아내는 카샤사는 브라질의 럼주이자 브라질에서 가장 인기 높은 카이피리냐(Caipirinha, 64p)를 만드는 주재료다. 카샤사는 화이트 럼을 쓰는 모든 술에 사용할 수 있다.

셰리

스페인 남부 헤레스 지역의 전통 강화 와인이며 다양한 방식으로 생산한다. 가장 산뜻한 피노 셰리는 숙성하지 않은 짭짤한 맛이라 시트러스 풍미가 도는 강렬한 재료와 아주 잘 어울린다. 아몬티야도(Amontillado)와 올로로소(Oloroso) 셰리는 산화 기간이 긴 덕분에 드라이하면서도 마른 과일과 견과류의 풍미가 있다.

베르무트(Vermouth)

쑥의 쓴맛에 향신료와 허브의 풍미를 더한 전통 강화 와인이다. 최상급 베르무트의 역사는 유럽이 강세다. 보통 베르무트는 스위트(sweet) 혹은 레드(red), 블랑(blanc) 혹은 화이트에 드라이, 이렇게 세 가지로 나뉜다. 클래식 칵테일의 중요한 베이스로 사용되나 얼음만 넣고 그 자체로 즐길 수 있다.

스위트 혹은 로소(Rosso) ______ 1700년대 말 이탈리아 토리노에서 유래했다. 향신료와 과일 향이 나는 달콤한 베르무트는 수많은 칵테일에 꼭 필요한 재료였고, 대표적인 칵테일이 맨해튼(114p)과 네그로니(Negroni, 135p)다.

블랑 혹은 비앙코(Bianco) ______ 화이트 와인을 베이스로 하는 블랑 베르무트는 프랑스 샹베리 지역에서 유래했다. 설탕을 가미하면 꽃향기에 질감이 부드럽고 근사하여 이상적인 식전주로 맞춤이다.

드라이 ______ 프랑스 마르세유에서 시작된 드라이 베르무트는 잔류 설탕 함량을 최소화해 화이트 와인을 베이스로 써서 마티니(121p)의 밸런스를 잡을 때 꼭 필요하다.

식전 와인

알코올 도수가 상대적으로 낮은 가향 와인은 허브에 쑥, 겐티아나(gentiana) 같은 뿌리, 시트러스 껍질과 다른 식물을 우려서 만든다. 베르무트와 퀴잉퀴(quinquina)를 포함한 많은 가향 와인이 추가로 중성 스피릿을 넣어 강화하는데, 포도로 만든 브랜디를 써서 도수를 14~20퍼센트로 맞춘다.

릴레(Lillet) ______ 프랑스에서 온 식전 와인 브랜드이며 화이트, 로제, 레드가 있다. 시트러스 베이스에 아주 은은한 허브 풍미가 돈다, 얼음이 든 잔에 부어 오렌지 한 조각과 함께 내는 경우가 많다. 베스퍼(Vesper, 193p)와 콥스 리바이버 넘버 2(Corpse Reviver No. 2, 73p) 같은 마티니류의 음료에서 블랑 베르무트 같은 역할을 할 수 있다.

보날(Bonal) _______ 겐티아나, 퀴닌과 각종 허브를 넣은 식전주이며 1865년 이후 프랑스 남서부의 유라산맥에서 제조하기 시작했다. 스프리츠나 샴페인 칵테일에 잘 어울리고 엄청나게 쓴 진토닉(95p)에 진 대신 넣어도 근사하다.

비흐 퀴잉쿼(Byrrh Quinquina) _______ 프랑스 남서부에서 만든 퀴잉쿼의 고전으로 퀴닌(quinine)을 넣은 식전주다. 비흐 퀴잉쿼는 진과 잘 어울리고 네그로니(135p)를 만들 때 스위트 베르무트 대신 쓰거나 진 코블러의 베이스로 활용할 수 있다.

코키 아메리카노(Cocchi Americano) _______ 이탈리아 토리노 지역에서 개발한 코키 아메리카노는 모스카토 다스티(Moscato d'Asti) 포도로 만들며 겐티아나와 각종 허브로 맛을 낸다.

리큐어

물에 불린 과일, 꽃이나 허브를 증류한 중성 주정에 설탕을 넣어 단맛을 가미한 리큐어는 보통 칵테일에 소량만 넣어 향기를 더하고 달콤함의 균형을 잡는 데 사용한다. 맛과 용도에 따라 과일이나 꽃향기가 도는 쪽과 허브와 쓴맛이 감도는 쪽으로 나뉜다.

오렌지 리큐어(Orange Liqueurs) _______ 오렌지 리큐어는 두 가지 주요 양식이 있다. 트리플 섹(triple sec)과 퀴라소(Curaçao)다. 트리플 섹보다 무겁고 달콤한 퀴라소 중 가장 유명한 브랜드는 그랑 마니에르(Grand Marnier)다. 트리플 섹의 경우 쿠앵트로(Cointreau)가 널리 알려져 있다. 다른 유명한 버전은 콩비에와 피에르 페랑 드라이 퀴라소(Pierre Ferrand Dry Curaçao)를 들 수 있다.

마라스키노(Maraschino) _______ 마라스카(Marasca) 체리로 만든 이탈리아 리큐어이며 이름과 다르게 허브의 특성이 잘 묻어난다. 대부분의 바텐더가 룩사르도사에서 나온 마라스키노를 선호한다.

체리 헤링(Cherry Heering) _______ 허브보다 향신료 느낌이 강한 체리 리큐어이며 덴마크인 피터 헤링(Peter Heering)이 1700년대에 만들었다. 마라스키노보다 진한 체리로 싱가포르 슬링(Singapore Sling, 178p)이나 블러드 앤 샌드(Blood and Sand, 55p)에 들어간다.

크렘 드 카시스(Crème de cassis) _______ 블랙커런트 맛이 나는 프랑스 리큐어다. 클래식한 키르 로얄(Kir Royale)을 만들 때 쓰는 용도로 알려졌지만 코블러에 쓸 신선한 과일이 없는 계절에 대체용으로 적합하다.

크렘 드 바이올렛(Creme de Violette) _______ 진한 보랏빛 리큐어로 제비꽃 맛이 나며 에비에이션 칵테일(Aviation, 42p)의 핵심 재료다.

생제르맹(St-Germain) _______ 딱총나무 꽃을 우려 만든 리큐어다. 출시된 지 10년밖에 안 되었지만, 바텐더들이 진과 샴페인 베이스의 칵테일을 만들 때 가장 사랑하는 재료로 자리 잡았다. 고투(Go-To, 252p)처럼 생강 맛이 나는 칵테일과도 잘 어울린다.

압생트(Absinthe) _______ 프랑스에서 비롯되었으며 전통적으로 아니스(anise), 회향, 약쑥으로 만든다. 미국에서 100여 년간(1912~2007년) 금지했으나 지금은 사제락(Sazerac, 168p)과 데스 인 디 애프터눈(Death in the Afternoon, 82p) 같은 클래식 칵테일의 핵심 원료로 쓰인다.

샤르트뢰즈(Chartreuse) _______ 샤르트뢰즈의 레시피는 18세기 카르투시오수도원에서 고안했다고 한다. 130가지 허브를 넣는다고 알려져 있으나 실제 비율은 수도승들 사이에서만 철저히 비밀리에 내려온다. 그린 샤르트뢰즈(Green Chartreuse)는 110도로 향신료의 풍미가 강한 반면 옐로 샤르트뢰즈(Yellow Chartreuse)는 80도로 훨씬 달달한 맛이다. 라스트 워드(Last Word, 111p)나 피나 베르데(Piña Verde, 297p)에서 샤르트뢰즈의 맛을 느껴보자.

수즈(Suze) _______ 스위스 식전주이며 시큼하고 쓴맛을 내는 겐티아나 뿌리가 주재료다. 수년간 미국에서 구할 수 없었는데 이제 미국에 들어와 지난 5년 동안 화이트 네그로니(White Negroni, 327p) 같은 칵테일에 제대로 쓰고 있다.

식전용 리큐어

이탈리아에서는 오랫동안 아주 쓴 리큐어 혹은 아페리티비(aperitivi)를 마셨다. 네그로니(135p)와 아페롤 스프리츠(41p) 덕분에 캄파리(Campari), 아페롤, 카펠레티(Cappelletti) 같은 식전주가 지난 10년간 미국에서 엄청난 사랑을 받았다. 하지만 이 술들 역시 위스키와 섞는 불바르디에(Boulevardier, 59p) 칵테일을 비롯해 정글 버드(Jungle Bird, 108p)처럼 티키 스타일과도 잘 어울린다.

아마로(Amaro)

아마리는 아페리티비를 보완한 것이다. 쓴맛의 식후 리큐어로 알코올 도수가 30~60퍼센트다. 아마로는 중성 스피릿에 허브, 각종 뿌리, 향신료, 말린 과일을 선별해 넣고 달게 만들어 나무통에서 숙성한다. 과일과 향신료의 풍미가 강해 위스키, 숙성한 럼, 토피(toffee) 향이 감도는 올로로소 셰리 같은 독한 술과 잘 어울린다.

향을 입힌 비터스

5년 전 장인들이 전혀 보지 못한 새로운 맛을 개발해내면서 비터스 시장이 엄청나게 커졌다. 도수가 높은 알코올에 허브, 향신료, 뿌리, 나무껍질과 각종 재료를 넣어 우린 비터스는 고농축으로 음료에 색다른 맛을 더한다. 칵테일 레시피에 가장 자주 등장하는 세 가지 기본 비터스를 알아보자.

앙고스트라(Angostura) _______ 1800년대 초 베네수엘라의 한 의사가 치료용으로 개발한 앙고스트라 비터스는 향신료 조합이 극비에 부쳐져 있다. 200년 전 칵테일에 사용하기 시작했고 클래식 칵테일에 따뜻한 향신료 맛을 가미하는 용도로 쓰인다.

페이쇼드(Peychaud's) _______ 앙고스트라만큼이나 역사가 깊고 인기 높은 페이쇼드 비터스는 앙고스트라보다 가볍고 좀 더 단맛이 난다. 칵테일의 본고장인 뉴올리언스에서 태어나 중요한 역할을 맡고 있다.

오렌지(Orange) _______ 오렌지 비터스는 감미료 대신 산뜻한 시트러스의 풍미를 더하기 위해 쓴다. 리건스의 오렌지 비터스나 앙고스트라 오렌지 비터스를 권한다.

시럽

혼합 음료에 단맛을 더하는 시럽은 칵테일에 설탕을 넣는 가장 쉬운 방법이다. 자주 쓰는 시럽은 여덟 가지이며 쉽게 만들 수 있다(레시피는 332p 참조). 시럽은 맛을 전달하는 중요한 도구이기도 하다. 이 책에 소개하는 재료뿐 아니라 다른 허브나 향신료도 심플 시럽을 만들 때 사용할 수 있다.

심플 시럽과 리치 심플 시럽(Rich Simple Syrup) _______ 심플 시럽용 레시피에는 설탕과 물의 비율을 1:1로, 리치 심플 시럽의 경우 설탕과 물의 비율을 2:1로 맞춘다고 적혀 있다. 시럽의 점성이 음료에 단맛과 질감을 더한다. 데메라라(Demerara)나 자당 같은 특별한 설탕으로 만들 수도 있다.

허니 시럽(Honey Syrup) ______ 꿀은 흰설탕보다 풍미가 좋고, 브라운 더비(Brown Derby, 63p) 같은 그레이프프루트와 위스키 베이스의 단순한 사워류 칵테일에 다양한 맛을 더한다.

진저 시럽(Ginger Syrup) ______ 신선한 진저 시럽은 칵테일에 따뜻한 풍미와 단맛을 더해주며, 비상시에는 탄산수에 넣어 즉석에서 진저 비어를 만들 수 있다.

시나몬 시럽(Cinnamon Syrup) ______ 심플 시럽에 시나몬을 넣은 시럽이다. 좀비(Zombie)에 들어가는 '돈스 믹스(Don's Mix, 200p)'처럼 티키에 유용하나 애플 사이다 같은 따뜻한 음료에도 활용할 수 있다.

그레나딘(Grenadine) ______ 석류 시럽으로 만든다. 요즘은 석류를 구하기 쉬워 가정에서도 그레나딘을 만들 수 있다. 붉은 색소를 넣지 않고 천연 재료로 색을 낸 뒤 병에 담아 만든 종류가 많이 나와 있어 셜리 템플(Shirley Temples)에 널리 쓰인다.

오르자(Orgeat) ______ 오렌지 꽃을 우린 물로 만든 아몬드 베이스 시럽이며 마이 타이(Mai Tai, 113p)와 스콜피온 볼(Scorpion Bowl, 170p) 같은 티키 칵테일에 즐겨 쓴다. 지금은 몇몇 장인만 병에 넣은 버전(심지어 다른 견과류를 사용해)을 만들 수 있다. 직접 만들 필요가 없다는 뜻이다.

팔레넘(Falernum) ______ 19세기 바베이도스(Barbados)에서 라임 껍질, 정향, 설탕, 생강, 아몬드로 만들었으며 많은 티키 칵테일에 감미료로 사용한다.

기법

솔직히 말하자면 바텐더는 자기 주장이 강한 사람들이다. 하지만 가장 변칙적인 칵테일 배합에도 몇 가지 기본 원칙이 있다. 첫째, 믹싱 글라스나 틴에 음료를 모두 넣는데 비교적 저렴한 스피릿을 먼저 넣고 비싼 쪽을 나중에 넣는다. 이 원칙을 따르면 배합 과정에서 실수를 저질러도 비싼 재료를 낭비할 확률이 적다. 둘째, 스피릿을 넣는 음료는 저어서, 과일 주스가 들어가는 음료는 흔들어서 만든다. 그 밖의 칵테일은 흔들거나 내가는 잔에 차곡차곡 쌓을 수 있다.

셰이킹(Shaking)

칵테일 틴에 재료를 넣고 베이스가 되는 스피릿을 마지막에 넣은 뒤 얼음을 채우고 통보다 작은 믹싱 틴으로 꽉 덮은 다음 주먹으로 쿵 하고 내리쳐서 고정한다. 오른손잡이라면 오른손으로 위쪽을, 왼손으로 아래쪽을 잡고 양손이 아주 차가워질 때까지 15초 동안 힘차게 흔든다. 손바닥으로 위를 툭 쳐서 헐겁게 만든 뒤 셰이커를 연다.

'드라이 셰이크'라고 부르는 몇몇 레시피의 경우 얼음을 넣지 않고 흔든다. 드라이 셰이크는 음료에 공기를 넣기 위해 달걀흰자를 활용할 때 특히 중요한 기술이다. 셰이커에 필요한 재료를 다 넣고(얼음은 추가하지 않는다) 잘 섞이도록 15초 동안 흔들면 된다.

스터링(Stirring)

믹싱 글라스에 재료를 넣고 얼음을 채운다. 기다란 바스푼을 엄지와 다른 두 손가락으로 잡고 최대한 얼음이 튀지 않도록 15~20초 동안 신중하게 젓는다. 스푼 뒤쪽 바닥부터 음료가 회오리를 일으켜 글라스 안쪽의 모든 재료가 섞이면 성공한 것이다. 얼음을 깰 필요 없이 그냥 골고루 섞으면 된다.

스트레이닝(Straining)

스트레이너(strainer, 25p)는 몇 가지 종류가 있는데 용도는 모두 비슷하다. 커다란 얼음이나 과일 혹은 허브 덩어리가 칵테일 음료 안으로 들어가는 것을 막는다. 호손(Hawthorne) 스트레이너는 스프링이 틴 안쪽에 잘 붙어서 믹싱 틴에 쓰기 좋고, 줄렙(julep)은 믹싱 글라스용으로 제격이다.

얼음 부스러기나 시트러스 건더기가 없는 투명한 음료의 경우 레시피에 더블 스트레인을 하라고 적혀 있다. 호손 스트레이너로 믹싱 틴 주입구를 막은 뒤 다른 손으로 미세망 스트레이너를 서빙용 글라스 위에 올려서 잡고 양 스트레이너로 액체를 따라서 거르면 된다.

스위즐링(Swizzling)

스위즐링은 잘게 쪼개거나 간 얼음과 함께 음료를 만들 때 재료들이 잔에서 잘 섞이고 완전히 차가워지도록 하는 방법이다. 글라스에 간 얼음을 채우고 음료를 부은 다음 바스푼이나 스위즐 스틱이 바닥에 닿도록 넣는다. 양 손바닥으로 스틱이나 스푼을 비비듯 돌리면서 위아래로 움직인다.

도구

지난 5년 사이 수많은 칵테일 도구가 쏟아져 나왔으나 적을수록 좋다는 원칙을 세우면 어떤 칵테일 기법을 쓰든 분별력 있고 적절하게 대비할 수 있다. 결국 서랍의 칸은 정해져 있지 않은가? 칵테일 킹덤(cocktailkingdom.com)에서 칵테일 도구에 대한 귀중한 정보를 얻을 수 있다. 지금부터 소개하는 도구들은 주방용품점 어디서든 쉽게 구할 수 있다.

Y형 감자칼

가니시용으로 길고 완벽한 형태의 시트러스 껍질을 벗기거나 동전 모양을 만들 때 유용하다.

지거(jiggers)

눈대중으로 재료를 넣는 건 위험한 일이다. 매우 숙련된 바텐더조차 정확한 비율을 맞추고 재료 낭비를 줄이기 위해 계량한다. 계량컵으로 베이스 재료를 가늠해도 좋지만 양 방향 지거를 추천한다. 15ml와 22.5ml 계량용 지거와 30ml와 60ml 용을 구매해두면 유용하다.

셰이커

전문 바텐더는 가정용 바에서 흔히 보는 세 피스짜리 셰이커(뚜껑과 내장형 스트레이너 포함)를 쓰지 않는다. 그들은 두 개가 한 세트를 이루는, 작은 틴이 큰 틴에 딱 맞아들어가는 보스턴 셰이커를 쓴다. 재료를 작은 틴에 넣고 큰 틴을 뚜껑으로 사용하는 것이다.

믹싱 글라스

스터링 레시피의 경우 믹싱 틴, 파인트 글라스 등 어떤 용기를 써도 무방하나 시중에 엄청 근사한 믹싱 글라스가 많이 나왔으니 하나쯤 위시리스트에 올려보자.

바스푼

집에 있는 낡은 스푼을 써도 될까? 물론이다. 하지만 제대로 된, 손잡이가 긴 바스푼은 믹싱 용기 바닥까지 닿을 수 있고, 이는 음료를 제대로 섞는 데 가장 중요한 부분이다. 또한 소량의 액체를 계량할 때 사용하거나 와인이나 스피릿을 칵테일 위에 가니시처럼 올릴 때도 유용하다.

머들러(Muddler)

모히토(131p) 혹은 민트 줄렙(Mint Julep, l28p)에 들어가는 과일을 으깨거나 허브 오일이 설탕에 배어들도록 섞을 때 사용한다.

스위즐 스틱

끝부분에 살이나 주걱이 달린 스틱으로 으깬 얼음과 음료를 섞을 때 사용한다. 스위즐 스틱은 전통적으로 카리브해 스위즐나무의 가지로 만든다.

스트레이너

호손 _______ 19세기 말에 특허를 받은 평평한 스트레이너다. 스트링이 달린 쪽을 아래로 하면 믹싱 틴 입구에 딱 들어맞아 편리하다.

줄렙 _______ 넓적한 금속 스푼 형태의 줄렙 스트레이너는 믹싱 글라스에 만드는 음료용으로 가장 적합하다.

미세 망 스트레이너 _______ 차 거름망으로도 알려져 있다. 일반적으로 호손 스트레이너와 '더블 스트레인' 음료(플로로도라, 85p)용으로 쓰며 미세한 침전물까지 제거할 때 유용하다.

글라스웨어

음료를 담는 용기는 재료만큼 중요하므로 칵테일을 만들 때 제대로 된 글라스웨어는 꼭 필요하다. 락 글라스, 쿠페나 칵테일 글라스, 콜린스 글라스처럼 꼭 필요한 제품들부터 차곡차곡 갖추면 된다. 얼음 위에 음료를 올리는 것이 아니라면 사용하기 전에 잔을 차갑게 식혀둬야 한다.

쿠페 혹은 칵테일 글라스

줄기 부분이 짧고 볼이 넓은 클래식 잔이다. 셰이크와 스터드 기법의 칵테일용으로 얼음을 넣지 않으며 다이키리, 불바르디에, 샴페인 칵테일까지 다양하게 사용된다.

콜린스/하이볼/더블 올드 패션

콜린스 글라스(300~400ml 크기)는 하이볼보다 조금 좁고 긴 형태지만 얼음 위에 올리는 롱 드링크의 경우 둘 다 사용할 수 있다. 더블 올드 패션은 같은 양의 음료를 담을 수 있는데 더 작은 대신 입구가 넓다. 이들 잔 중 하나만 있으면 피즈, 콜린스, 스위즐, 비어 칵테일, 하이볼에 사용할 수 있다.

락 혹은 올드 패션

몸통이 넓고 땅딸막한 잔으로 셰이크와 스터드 방식의 숏 드링크를 얼음 위에 부어 낼 때 사용한다. 락 글라스에 담는 음료는 독하고 스피릿이 많이 들어가서 희석해 마셔야 한다. 이 크기의 잔은 얼음에 한 가지 스피릿만 올려 내기에도 가장 적합하다. 사워류, 네그로니, 올드 패션에 활용해보자.

플루트(Flute)

와인 업계에선 한물갔지만 바에서는 이 잔이 만드는 구슬 같은 기포 덕분에 여전히 좋아한다. 샴페인 칵테일이나 데스 인 디 애프터눈(82p) 같은 칵테일을 쿠페 대신 플루트에 담아보자.

스니프터(Snifter)

스니프터는 음료의 향에 초점을 두고 그 향이 코에 제대로 들어가도록 설계된 잔이라 브랜디와 코냑 애호가들에게 큰 사랑을 받고 있다. 스피릿이나 스터드 칵테일과 으깬 얼음 위에 올리는 음료 모두 사용할 수 있다.

티키 머그(Tiki Mugs)

티키 음료의 장난기가 잔으로 이어졌다. 이런 칵테일에 흥미가 있다면 벼룩시장이나 빈티지 숍에서 앵무새 모양 글라스, 해골 머그, 커다란 전갈 볼 등이 있는지 뒤져보자.

줄렙 컵 혹은 틴

이 클래식 용기는 줄렙 칵테일을 포함하여 으깬 얼음이 들어간 칵테일에 잘 어울린다.

모스크바 뮬 머그(Moscow Mule Mugs)

1940년 이후 모스크바 뮬 머그는 사촌 격인 줄렙 틴처럼 한 가지 음료용으로 나왔다. 생강과 향신료를 넣은 엄청나게 차가운 모스크바 뮬이다. 물론 다른 용도로 활용하는 방법을 생각해보는 것도 나쁘지 않다.

가니시

'금상첨화'라는 말처럼 음료의 맛을 잡을 때 도움이 된다. 몇몇 칵테일에서는 재료에 들지 않지만 필수 요소로 막중한 책임을 진다. 한마디로 가니시를 빼먹으면 안 된다.

시트러스 껍질

길거나 둥근 형태로 음료 위에 올리거나 불을 붙여 쓰기도 하는 시트러스 껍질은 감미료 대신 음료에 풍미를 더하는 역할을 한다.

오렌지 껍질에 불을 붙이려면 1달러 은화 크기로 껍질을 벗긴 다음 음료 표면과 2.5~5센티미터 거리를 둔 상태로 잘린 쪽이 위를 향하게 든다. 바로 아래 성냥불을 가져다 대는데 껍질에 닿지 않도록 주의한다. 껍질을 눌러 기름이 흘러내리면 자연스럽게 불꽃이 피어난다.

시트러스 휠(Wheel), 슬라이스(Slice), 웨지(Wedge)

글라스 가장자리에 매력적으로 매달려 장식 역할을 하지만, 즙으로 음료에 풍미를 더할 때 쓰기도 한다.

체리

밝은 붉은빛이 도는 체리는 향수 어린 매력을 지니고 있는데 룩사르도사 등에서 생산한 마라스키노 체리는 한층 다채로운 맛을 보여준다.

오이

세로로 길게 혹은 얇게 저민 오이는 음료에 채소나 허브 맛을 더하는 훌륭한 가니시다.

민트

칵테일에 민트가 들어 있다면 가니시용이라고 장담해도 좋다.

베리류

베리는 가니시로 사용하는데 제철이나 맛이 가장 좋을 때 미리 준비해두는 것이 좋다.

파인애플

파인애플의 둥근 모양은 펀치 볼에 흥겨운 느낌을 더하며 티키 음료용 머그로도 활용할 수 있다.

장식용 우산

열대음료의 동반자로 종이 우산만 한 것이 없다.

시나몬 스틱

불붙인 시나몬 스틱은 이색적인 티키 가니시이며 향신료 맛이 나거나 럼 혹은 위스키를 사용하는 각종 칵테일에 잘 어울린다.

소금과 설탕

소금, 설탕, 칠리 파우더나 다른 향신료를 섞은 가루를 음료를 담기 전 잔 '테두리'에 바른다. 작은 접시에 이들 재료를 담고 레몬이나 라임 조각으로 잔 가장자리에 즙을 묻힌다. 잔을 거꾸로 들어 접시에 놓았다가 뒤집으면 완성이다.

비터스

가니시로 쓰는 비터스는 음료에 올린 달걀흰자 거품의 풍미를 돋보이게 한다.

CLASSIC RECIPES

압생트 프라페

ABSINTHE FRAPPÉ

"뜨거운 입술에 차가운 첫 모금이 닿는 순간 하루를 잘 이겨낼 거라고 다짐한다." 1904년 뮤지컬 「노르란에서 생긴 일(It happened in Nordland)」 중 '압생트 프라페'에 바치는 찬사다. 이 칵테일은 압생트가 식전주(1912년 금주법 이전)이자 아침을 상쾌하게 깨우는 술로 큰 인기를 얻으면서 등장했다. 도수가 강하지만 맛이 깔끔하고 얼음이 들어가는 이 프라페는 압생트를 거창하게 마시던 기존의 방식을 확 바꿔놓은 대안이다.

한 잔 기준

압생트 30ml　　심플 시럽(332p) 7.5~15ml　　찬물 30~60ml

- 칵테일 셰이커에 재료를 넣는다.
- 얼음을 넣고 차가워질 때까지 흔든다.
- 잘게 간 얼음이나 성긴 얼음을 넣은 락 글라스나 콜린스 글라스에 따른다.
- 얼음을 올리면 완성이다.

아도니스

ADONIS

고전적인 19세기 셰리 베이스 식전주인 아도니스는 1884년 최초의 브로드웨이 뮤지컬로 널리 알려진 통속극의 이름에서 따왔다. 뮤지컬의 인기에 한껏 취했을 때 월도프 애스토리아 호텔에서 그 성공을 기리기 위해 만들었다. 피노 셰리라는 탄탄한 베이스에 오렌지 비터스와 스위트 베르무트를 가미한다. 도수가 좀 더 약하고 드라이한 맛이 강한 사촌뻘 되는 뱀부(Bamboo, 45p)와 구별하자.

한 잔 기준

피노 셰리 60ml
스위트 베르무트 30ml

오렌지 비터스 2dash
(리건스 선호)

GARNISH
오렌지 껍질

- 믹싱 글라스에 재료를 넣는다.
- 얼음을 넣고 차가워질 때까지 젓는다.
- 시원한 쿠페나 칵테일 글라스에 거른다.
- 오렌지 껍질로 장식하여 마무리한다.

에어메일

AIRMAIL

비행기가 추락해버려 100퍼센트 공식적이라고 말할 순 없지만, 최초의 항공우편은 1911년으로 기록돼 있다. 프레드 와이즈먼(Fred Wiseman)이 직접 설계한 비행기를 타고 캘리포니아주 페털루마에서 캘리포니아주 산타로사로 떠날 때 정확히 세 통의 편지를 함께 실었다. 1949년판 『에스콰이어(Esquire)』지 「파티 주최자용 가이드북(Handbook for Hosts)」에 에어메일 칵테일이 처음 등장한다. 근대 운송 방식에 왜 칵테일 이름을 붙였는지는 확실치 않지만 프렌치 75(86p)를 카리브식으로 해석한 것처럼 기동력 때문이라고 봐도 무방하다.

한 잔 기준

골드 럼 45ml
애플턴이나 엘도라도선호

라임 주스 22.5ml
허니 시럽 22.5ml 이하(332p)

샴페인(혹은 드라이한 스파클링 와인), 맨 위에

GARNISH
라임이나 오렌지 껍질

- 칵테일 셰이커에 럼, 라임 주스, 허니 시럽을 넣는다.
- 얼음을 넣고 흔든다.
- 얼음을 넣은 콜린스 글라스에 거른다.
- 샴페인을 붓고 빨대를 꽂는다.
- 라임이나 오렌지 껍질로 장식한다.

아메리카노

AMERICANO

이름에 속지 말자. 아메리카노는 이탈리아의 유산이 확실하니까. 19세기 밀라노토리노 지역에서 탄생한 이 칵테일은 캄파리(밀라노산)와 스위트 베르무트(토리노산)를 같은 비율로 섞은 뒤 얼음 위에 부은 술이다. 여기에 탄산수를 첨가하고 반으로 자른 오렌지 휠을 가니시로 썼다. 금주법 시대에 이탈리아를 방문한 방정맞은 미국 여행객들이 근심걱정 없는 삶을 추구하려고 만든 것이 분명하다. 지금의 칵테일 세계에선 이보다 도수가 높은 네그로니(135p)가 더 인기일지 모르지만 아메리카노가 뒤처진다고 볼 순 없다.

한 잔 기준

캄파리 45ml
스위트 베르무트 45ml

탄산수, 맨 위에

GARNISH
오렌지 슬라이스

- 콜린스 글라스나 락 글라스에 캄파리와 스위트 베르무트를 따른다.
- 얼음을 넣고 탄산수를 첨가한다.
- 가니시로 오렌지 슬라이스를 얹는다.

아페롤 스프리츠

APEROL SPRITZ

스파클링 와인, 비터 리큐어, 탄산수로 이루어진 스프리츠는 활용도가 매우 높다. 파도바에서 처음 만들기 시작한 노을빛 이탈리아 비터 리큐어인 아페롤이야말로 한여름의 무더위를 시원하게 날려줄 스프리츠에 제격인 상쾌하고 달콤한 베이스다.

 **한 잔 기준** 

아페롤 30ml

스파클링 와인 60ml
드라이 프로세코 선호
탄산수 30ml

GARNISH
오렌지 혹은 레몬 슬라이스
(또는 둘 다)

- 콜린스 글라스나 와인 글라스에 아페롤, 스파클링 와인, 탄산수를 넣는다.
- 얼음을 채우고 살살 젓는다.
- 오렌지나 레몬 슬라이스를 가니시로 올려서 마무리한다.

에비에이션

AVIATION

유행의 물결에 따르듯 재료의 수급 상황에 의해 클래식 칵테일이 등장하기도 하고 사라지기도 한다. 1916년 휴고 엔슬린(Hugo Ensslin)의 「칵테일 제조법(Recipes for Mixed Drinks)」에 처음 이름을 올린 뒤로 이 연보라색 혼합물은 반세기 가까이 종적을 감췄다. 그 이유를 살펴보니 우선 1930년대 칵테일의 바이블로 불리던 「사보이 칵테일 북(the Savoy Cocktail Book)」에서 이 레시피를 빠뜨린 이해할 수 없는 일이 벌어졌다. 그리고 1960년대 핵심 재료인 크렘 드 바이올렛이 모조리 단종되었다. 2007년 로스먼 앤 윈터가 이 리큐어를 재창조하면서 원조 에비에이션의 레시피가 가능해졌고, 새 시대의 바텐더들이 잊힌 과거의 음료를 즐겁게 부활시켰다.

한 잔 기준

진 60ml
마라스키노 리큐어 7.5ml
룩사르도 선호

크렘 드 바이올렛 7.5ml
로스먼 앤 윈터 선호
레몬 주스 15ml

GARNISH
브랜디에 절인 체리
룩사르도 선호

- 칵테일 셰이커에 재료를 넣는다.
- 얼음을 채우고 차가워질 때까지 흔든다.
- 서늘하게 식혀둔 쿠페나 칵테일 글라스에 거른다.
- 브랜디에 절인 체리를 올리면 완성이다

에비에이션은 진의 종류, 시트러스의 품질, 크렘 드 바이올렛의 당도에 따라 균형 맞추는 게 까다로울 수 있다. 최상의 조합을 얻고 싶다면 플리머스처럼 부드럽고 맛이 풍부한 진을 써보자.

뱀부
BAMBOO

셰리를 넣고 저어 만든 19세기 식전주 중에서 꾸준히 등장하는 칵테일이 두 개 있는데 그 개성에 따라 이름이 붙은 것으로 보인다. 뱀부는 가늘고 거칠며, 이보다 건장한 아도니스(34p)는 고전적인 육체미가 있다. 둘 다 같은 시기에 나왔지만 국가는 다르다. 뱀부는 일본의 전통 칵테일로 요코하마 그랜드 호텔의 독일인 바텐더(이자 당대의 제리 토머스Jerry Thomas로 불렸다) 루이즈 에핑어(Louis Eppinger)가 만들었다.

한 잔 기준

피노 셰리 45ml
드라이 베르무트 45ml
리치 심플 시럽(332p) 1tsp
앙고스트라 비터스 2dash
오렌지 비터스 2dash

GARNISH
레몬 트위스트

- 믹싱 글라스에 재료를 넣는다.
- 얼음을 넣고 차가워질 때까지 젓는다.
- 차갑게 식혀둔 쿠페나 칵테일 글라스에 거른다.
- 레몬 조각을 비틀어 장식한다.

비즈 니즈

BEE'S KNEES

광란의 1920년대, 조세핀 베이커(Josephine Baker) 같은 신여성이 찰스턴을 추고 '고양이의 콧수염'이나 '벌의 무릎' 같은 말이 '굉장하다'는 의미로 유행하던 시절에 진 사워(Gin Sour)를 변형한 이 칵테일도 등장했다. 미국 금주법 시대에 꿀과 레몬 주스는 의심스러운 밀주(이 경우 진)의 맛을 영리하게 가려주는 비법이었다. 어떤 장인이 만든 진과 쓰든 여전히 훌륭한 맛을 자랑한다.

 **한 잔 기준** 

진 45ml
레몬 주스 22.5ml

허니 시럽 22.5ml(332p)

GARNISH
레몬 휠

- 칵테일 셰이커에 재료를 넣는다.
- 얼음을 넣고 차가워질 때까지 흔든다.
- 서늘하게 식혀둔 쿠페나 칵테일 글라스에 걸러낸다.
- 레몬 휠로 장식한다.

비시클레타

BICICLETTA

이탈리아어로 '자전거'를 의미하는 비시클레타는 나이 많은 남자가 오후에 카페에서 술 몇 잔 걸치고 집으로 돌아가기 위해 자전거를 타고 좌우로 비틀거리는 모습에서 따온 이름이라고 한다. 전통적인 식전주 스타일이며 이탈리아인들이 가장 사랑하는 초저녁 음료 두 가지가 들어간다. 캄파리는 드라이한 이탈리아산 화이트 와인에 근사한 쓴맛을 더하고 탄산수의 파도가 이 조합을 상큼한 스프리츠로 변신시킨다.

 **한 잔 기준** 

캄파리 30~60ml
드라이 이탈리아 와인 90ml

탄산수, 맨 위에

GARNISH
오렌지 혹은 레몬 휠

- 와인 글라스에 캄파리와 화이트 와인을 따른다.
- 얼음을 넣고 탄산수를 올린다.
- 부드럽게 젓고 오렌지나 레몬 휠로 장식한다.

BIJOU

진, 스위트 베르무트, 샤르트뢰즈를 섞은 이 별난 칵테일은 19세기 말 미국에서 혜성처럼 나타났다. 1900년대 바텐더 해리 존슨(Harry Johnson)이 자신의 두툼한 레시피 북 「바텐더의 매뉴얼(The Bartender's Manual)」에 소개하며 원작자로 알려졌다. 프랑스어로 '보석'을 뜻하는 이 칵테일의 이름은 레시피에 따라 섞은 알코올이 연출한 보석처럼 아름다운 색에서 영감을 받았다고 한다. 원래 체리나 올리브를 가니시로 썼지만 역사가 이 논쟁의 승자를 정해주었다. 지금은 체리를 사용한다.

한 잔 기준

진 30ml
스위트 베르무트 30ml

그린 샤르트뢰즈 22.5ml
오렌지 비터스 1dash

GARNISH
브랜디에 절인 체리
룩사르도 선호

- 믹싱 글라스에 재료를 넣는다.
- 얼음을 넣고 잘 젓는다.
- 차가운 쿠페나 칵테일 글라스에 거른다.
- 브랜디에 절인 체리로 장식한다.

블랙 벨벳

BLACK VELVET

멋쟁이 남성에겐 블랙 앤 탠(Black and Tan)이 있는데, 이 예상 밖의 추모 음료는 1861년 빅토리아 여왕의 남편 앨버트 공이 1861년 세상을 떠났을 때 런던 세인트제임스거리의 브룩스 클럽에서 처음 등장했다고 한다. 런던에서 가장 유명한 귀족, 남작, 공작의 모임인 이 신사 클럽은 앨버트 공의 서거를 자신들만의 방식으로 기렸다. 바로 술을 마시는 거였다. 정황상 샴페인은 적절치 못했기에 흑맥주로 거품과 탄산이 주는 축하의 의미를 수수하게 덮었다.

한 잔 기준

기네스 90ml

샴페인 90ml(대체용 없음)

- 쿠페, 플루트 또는 콜린스 글라스에 기네스를 따른다.
- 그 위에 샴페인을 살짝 올린다.

블러드 앤 샌드
BLOOD AND SAND

루돌프 발렌티노(Rudolf Valentino)의 1922년 동명 무성 영화를 보면 왜 이렇게 극적인 이름이 붙었는지 절로 수긍이 간다. 비센테 블라스코 이바녜스(Vicente Blasco Ibáñaez)의 1909년 스페인 소설이 원작인 이 영화는 투우사의 흥망성쇠를 다룬다. 스카치, 스위트 베르무트, 체리 리큐어, 오렌지 주스를 같은 비율로 섞어서 걸러낸, 전혀 예상치 못한 조합이 눈길을 끄는 이 칵테일은 스카치를 베이스로 쓰는 보기 드문 클래식 칵테일이다. 신선한 오렌즈 주스를 써야 한다는 점을 잊지 말자. 그래야 단맛이 나는 두 리큐어 속에서 제대로 된 산미를 더할 수 있다.

한 잔 기준

스카치 30ml
블렌디드 선호

체리 리큐어 30ml
체리 헤링 선호

스위트 베르무트 30ml
오렌지 주스 30ml

- 칵테일 셰이커에 재료를 넣는다.
- 얼음을 넣고 흔든다.
- 쿠페나 칵테일 글라스에 걸러낸다.

모든 체리 리큐어가 같은 맛을 내는 건 아니다. 이 칵테일에 가장 잘 어울리는 건 덴마크 리큐어인 체리 헤링인데 깊이와 균형 잡힌 단맛이 일품이다.

블러디 메리

BLOODY MARY

브런치가 생기기 훨씬 전에 블러디 메리가 있었다. 수많은 신화를 만들어낸 이 칵테일은 생굴과 함께 먹는, 따뜻한 무알코올 음료에서 출발했다. 그 이름도 시카고 버케츠 오브 블러드(Buckets of Blood)의 여성 바텐더를 기리는 의미다. 사정이 어떻든 블러디 메리는 술집이라면 사족을 못 쓰는 뉴욕의 멋쟁이들이 모여드는 맨해튼의 세인트 레지스 호텔 킹 콜 바에서 최고의 인기를 얻었다. 보드카 대신 다른 스피릿을 쓰면 레드 스내퍼(Red Snapper, 진), 블러디 마리아(Bloody Maria, 테킬라), 블러디 더비(Bloody Derby, 버번)가 된다. 미첼라다(124p)를 만들거나 거품 많은 맥주로 가볍게 즐길 수도 있다.

한 잔 기준

보드카 60ml
토마토 주스 120ml
레몬 주스 15ml

우스터셔 ½tsp
핫소스 2~4dash
맛이 날 정도만큼의 소금과 설탕

GARNISH
셀러리 줄기 또는 라임 웨지

- 믹싱 틴에 재료와 얼음을 넣는다.
- 앞뒤로 흔들어서 얼음이 가득 든 콜린스 글라스나 하이볼 글라스에 거른다
- 셀러리 줄기, 라임 웨지, 바삭한 베이컨, 새우 혹은 창의력을 발휘한 다른 재료를 가니시로 올려서 완성한다.

불바르디에

BOULEVARDIER

진정한 도시 남자이자 말 그대로 불바르디에인 에리스킨 그웬(Erskine Gwynne)은 1920년대 파리 전역에서 대단한 명성을 얻은 인물이다. 사실 그는 파리에 사는 미국인들을 위해 『불바르디에』라는 이름의 잡지사까지 운영했다. 문학적인 영감을 받은 이 칵테일은 1927년 해리 맥엘혼(Harry MacElhone, 파리 해리스 뉴욕 바의 소유주)의 저서「술집 단골들과 칵테일(Barflies and Cocktails)」에 그웬이 원작자라고 적혀 있다. 보는 이에 따라 불바르디에를 달콤쌉쌀한 맨해튼의 한 종류 혹은 네그로니의 위스키 버전으로 볼 수도 있다. 불바르디에의 아름다움은 쓴맛과 단맛을 모두 가지고 있어 베이스가 되는 스피릿에 따라 아마리와 베르무트를 올려 선택한 위스키의 강점을 부각시킬 수 있다는 점이다.

 **한 잔 기준** 

버번 혹은 라이 45ml

캄파리 30ml
스위트 베르무트 30ml

GARNISH
오렌지 껍질

- 믹싱 글라스에 재료를 넣는다.
- 얼음을 넣고 차가워질 때까지 젓는다.
- 락 글라스에 얼음을 넣고 그 위로 거른다(또는 차갑게 얼린 쿠페나 칵테일 글라스에 바로 걸러낸다)
- 오렌지 껍질로 장식해서 마무리한다.

브루클린

BROOKLYN

많은 사람이 맨해튼을 럭셔리와 패션 1번지로 손꼽지만 좀 더 유행을 선도하고 싶다면 브루클린으로 가보자. 이 자치구가 지정한 같은 이름의 칵테일도 마찬가지다. 금주법 시대 브루클린은 맨해튼(114p)하고 맛과 구성이 비슷했지만, 아메르 피콘(Amer Picon)과 마라스키노 리큐어가 차츰 심오해지면서 최상급 클래식 칵테일의 자리에 오르진 못했다. 그러나 최근 브루클린이 뉴욕의 바에서 주목받는 데 성공하고 아메르 피콘 직접 만들기 열풍이 불면서 이 칵테일에 대한 인기도 함께 올라갔다. 아메르 피콘이 없다면 아마로 쵸치아로(Amaro CioCiaro)가 그 역할을 해줄 것이다.

한 잔 기준

라이 60ml
드라이 베르무트 15ml
마라스키노 리큐어 7.5ml
아메르 피콘 7.5ml

- 믹싱 글라스에 재료를 넣는다.
- 얼음을 넣고 차가워질 때까지 젓는다.
- 쿠페에 걸러내면 간단하게 완성된다.

브라운 더비

BROWN DERBY

로스앤젤레스 웨스트할리우드의 호화로운 선셋대로에서 탄생한 브라운 더비는 1930년대의 화려함과 영광의 잔재다. 버번, 그레이프프루트, 꿀을 섞은 이 독한 칵테일은 선셋 스트립에 등장한 최초의 스타 운영 레스토랑인 방돔 클럽에서 개발했다. 이후 방돔 클럽은 「할리우드 리포터(Hollywood Reporter)」지의 창립자이자 돈 많은 한량인 빌리 윌커슨(Billy Wilkerson)의 소유로 바뀐다. 근처에 있는 브라운 더비(콥 샐러드Cobb salad가 탄생한 레스토랑)를 기념하려고 지은 이름인데 실제로 이 레스토랑은 둥실둥실한 더비 모자 형태로 지었다.

한 잔 기준

버번 45ml

그레이프프루트 주스 22.5ml
허니 시럽 22.5ml(332p)

GARNISH
그레이프프루트 껍질

- 칵테일 셰이커에 재료를 넣는다.
- 얼음을 넣고 차가워질 때까지 흔든다.
- 서늘하게 식혀둔 쿠페에 거른다.
- 그레이프프루트 껍질로 장식한다.

카이피리냐

CAIPIRINHA

다이키리(74p)의 사촌 격으로 카샤사를 쓰는 이 강하고 달콤한 사워는 발효한 사탕수수즙을 증류한 브라질식 럼이다. 한마디로 진정한 브라질 음료다. 라임 주스, 설탕, 카샤사가 들어가는데 원래는 조잡한 증류주의 맛을 가리는 용도였다. 카샤사는 소작농이나 마시는 싸구려 술이었으나 생산 기법이 향상되면서 칵테일 맛도 괜찮아졌다.

 **한 잔 기준** 

네 등분한 라임 1개

설탕 2tsp
카샤사 60ml

GARNISH
라임 휠

- 락 글라스에 라임 웨지와 설탕을 넣고 즙이 많이 배어 나오도록 으깨서 섞는다.
- 카샤사와 얼음을 넣고 잘 저어서 라임 휠로 장식하면 완성이다.

샴페인 칵테일

CHAMPAGNE COCKTAIL

올드 패션의 레시피에서 베이스인 위스키를 샴페인으로 바꾸면 1862년 제리 토머스의 저서 「칵테일 제조법(How to Mix Drinks)」에 처음 등장한 이 혈통 있는 칵테일을 만들 수 있다. 알코올 도수가 낮고 기포가 있어 일상 음료로도 손색이 없다. 제대로 된 제품에 돈을 투자할 것인가, 저렴한 스파클링 와인을 고를 것인가는 샴페인을 얼마나 신성하게 생각하느냐에 대한 개인의 선택에 달려 있다.

한 잔 기준

각설탕 1개 혹은
설탕 1bsp

앙고스트라 비터스 3dash
샴페인, 맨 위에

GARNISH
길고 구불구불한
레몬 껍질

- 플루트에 각설탕 혹은 설탕을 넣는다.
- 앙고스트라 비터스로 설탕을 적신다.
- 그 위에 천천히 샴페인을 쌓는다.
- 길고 구불구불한 레몬 껍질로 장식한다.

샴페인이 없으면 크레망 드 부르고뉴(Crémant de Bourgogne) 같은 드라이한 스파클링 와인이 최고다. 사용하는 비터스에 따라 음료가 극적으로 바뀔 수 있으니 유의하자. 앙고스트라가 고전이지만 다른 것들도 실험해보길 권한다. 「비터스(Bitters)」의 저자 브래드 토머스 파슨스(Brad Thomas Parsons)는 유자나 메이어 레몬(Meyer lemon) 비터스를 첨가해 시트러스의 느낌을 살리고 앙고스트라를 살짝 가미하여 '아름다운 호박색'을 탄생시켰다.

찰스 디킨스의 펀치

CHARLES DICKENS'S PUNCH

디킨스의 소설에는 펀치가 자주 등장한다. 디킨스는 엄청난 애주가답게 작품에서 술을 활용했는데 심지어 자신만의 펀치를 만들기도 했다. 양볼이 후끈 달아오르는 이 칵테일은 코냑, 럼, 시트러스, 설탕을 넣고 불을 붙여 '요리'한다.

 **열 잔 기준** 

설탕 22.5ml
데메라라 선호
레몬 3개 분량의 껍질과 즙 남김

럼 2컵
스미스 앤 크로스 선호
코냑 1¼컵
크루부아제 VSOP 선호

홍차 5컵(혹은 뜨거운 물)
GARNISH
레몬과 오렌지 슬라이스
막 갈아낸 육두구

- 법랑 냄비나 내열 그릇에 설탕과 레몬 껍질을 넣는다.
- 껍질과 설탕이 하나로 잘 섞여 기름이 나오게 만든다.
- 설탕에 럼과 코냑을 붓는다.
- 성냥불을 붙인 다음 내열 스푼으로 잘 섞인 베이스를 한 스푼 뜬다.
- 스푼에 성냥불을 붙이고 그대로 그릇에 옮겨서 3분간 타도록 놔둔다. 불이 설탕을 녹이고 레몬 껍질에서 나오는 기름을 농축할 것이다.
- 내열 팬으로 덮어 불을 끈다.
- 레몬 껍질을 걷어낸다.
- 레몬즙을 짜고 뜨거운 차를 붓는다.
- 얼음이 담긴 글라스에 국자로 떠 담는다.
- 시트러스 슬라이스와 갈아놓은 육두구로 장식한다.

클로버 클럽

CLOVER CLUB

필리델피아의 벨뷰 스트래드퍼드는 1800년대 후반 최신 유행을 선도하고 또 구경할 수 있는 장소였다. 프라이어스 클럽이나 알곤퀸 라운드 테이블처럼 변호사와 작가 등의 기득권층이 모이는 남성 전용 클로버 클럽이 문을 열었으며 제1차 세계대전이 발발할 때까지 영업했다. 이 칵테일은 클럽의 역사가 막을 내리고 구식이 된 이후까지 등장하지 않았는데, 달걀흰자와 다소 여성스러운 라즈베리가 재료로 들어가기 때문이었다. 그렇나 금주법 시대 이전의 충실한 지지자들처럼 이 음료도 클래식의 한 부분으로 재발견되어 줄리 라이너(Julie Reiner)가 브루클린에서 운영하는 클로버 클럽을 통해 불멸의 생을 얻었다.

한 잔 기준

라즈베리 3~4개
심플 시럽(332p) 15ml 이하

진 45ml
플리머스 선호
드라이 베르무트 15ml
돌린 선호

레몬 주스 15ml
달걀흰자 7.5ml

GARNISH

- 칵테일 셰이커에 라즈베리를 넣고 심플 시럽과 함께 마구 으깬다.
- 남은 재료를 넣고 흔든다.
- 얼음을 넣고 차가워질 때까지 다시 흔든다.
- 쿠페나 칵테일 글라스에 더블 스트레인을 한다.
- 꼬치에 끼운 라즈베리로 장식한다.

콥스 리바이버 넘버 2
CORPSE REVIVER NO.2

금주법 시대 이전의 음료 중에서 가장 오싹한 이름을 가진 이 칵테일은 아침을 깨우는 술로 알려져 있으며 넘버 2 버전이 가장 유명하다. 코냑이 들어간 묵직한 사이드카(177p)의 가벼운 사촌뻘로 진과 릴레를 쿠앵트로와 동일한 비율로 섞는데, 상큼하고 감귤 맛이 나며 압생트의 다채로운 허브 맛도 살짝 풍긴다. 1930년 「사보이 칵테일 북」의 경고 문구에 주의를 기울인다면 이 칵테일을 선택할 이유가 충분하다. "이 술을 빠르게 네 잔 마시면 널브러진 시신도 되살릴 수 있다."

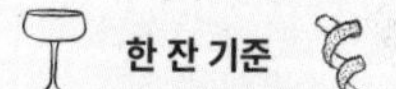

한 잔 기준

압생트 1dash
진 30ml

쿠앵트로 30ml
릴레 블랑 30ml
레몬 주스 30ml

GARNISH
레몬 껍질

- 차갑게 식힌 쿠페나 칵테일 글라스에 압생트를 살짝 뿌린다.
- 잔을 돌려서 압생트를 입히고 남은 건 따라 버린다.
- 칵테일 셰이커에 다른 재료들을 넣는다.
- 얼음을 넣고 차가워질 때까지 흔든다.
- 미리 준비한 잔에 따르고 레몬 껍질로 장식하면 완성이다.

다이키리

DAIQUIRI

포트로더데일과 키웨스트처럼 봄방학에 인기 있는 목적지들 덕분에 다이키리가 빙글빙글 도는 기계에서 만드는, 화려한 색을 자랑하는 음료라는 의미를 함축하게 되었다. 그러나 실제 레시피는 아주 간단하다. 쿠바에 거주하는 미국인 엔지니어가 스페인-미국 전쟁 기간에 만들었다고 알려졌으나 가끔은 쿠바인들이 마시는 음료가 다이키리와 더 흡사하다. 작가 어니스트 헤밍웨이(Ernest Hemingway)를 비롯해 1930년대 통상 금지 조치 이전의 근사한 제트족의 음료로 유명한 다이키리는 제2차 세계대전 당시 카리브해 럼이 다른 나라의 위스키보다 구하기 쉬워지자 미국에서 인기가 높아졌다. 그 시절 바텐더들이 상대의 능력을 검증하려 할 때 국제적으로 요구하는 칵테일이기도 했다. 럼, 설탕, 시트러스가 제대로 균형을 맞추지 않으면 망칠 위험이 높은 칵테일이나 아주 살짝만 변형해도 완전히 색다르게 즐길 수 있다.

한 잔 기준

라이트 럼 60ml
라임 주스 30ml

심플 시럽 22.5ml(332p)

GARNISH
라임 휠

- 칵테일 셰이커에 재료를 넣는다.
- 얼음을 넣고 차가워질 때까지 흔든다.
- 미리 준비해둔 쿠페나 칵테일 글라스에 거른다.
- 라임 휠로 장식한다.

다니엘 웹스터의 펀치

DANIEL WEBSTER'S PUNCH

데이비드 원드리치(David Wondrich)는 「펀치(Punch)」에서 이 칵테일에 관한 수많은 레시피가 존재하는 이유가 사실은 웹스터의 펀치 한 잔을 달라는 말이 곧 '바텐더를 당황하게 만들자'라는 의미의 19세기 버전이기 때문이라고 지적했다. 유명한 매사추세츠 상원의원이 실제로 선호하는 버전을 어느 누구도 알지 못해 여러 가지가 생긴 것이다. 원래 버전은 원드리치의 「스튜어드와 바텐더의 매뉴얼(Steward & Barkeeper's Manual」(1869년)에서 채택한 것이다.

 **열 잔 기준**

설탕 ½컵
레몬 3개 분량의 껍질과 즙
홍차 2컵
코냑 ¾컵

드라이 올로로소 셰리 ¾컵
자메이카 럼 ¾컵
보르도 혹은 풀 바디감의 레드 와인 1½컵

샴페인, 맨 위에

GARNISH
과일 아이스 링
(알아두기)

- 커다란 볼에 설탕과 레몬 껍질을 넣고 가볍게 으깨서 20분 정도 놔둔다.
- 홍차, 레몬즙, 코냑, 셰리, 럼, 레드 와인을 넣고 잘 섞는다.
- 레몬 껍질을 걸러내고 냉장고에 30분간 넣어놓는다.
- 서빙 15분 전에 아이스 링을 넣는다.
- 국자로 떠서 컵에 담고 샴페인을 가볍게 붓는다.

도넛 모양의 팬에 물을 반쯤 채우고 반쪽짜리 딸기 5개, 파인애플 슬라이스 5개, 민트 잎 10장을 골고루 넣어 밤새 얼리면 아이스 링이 완성된다.

다크 '앤' 스토미

DARK 'N' STORMY

다크 럼과 스파이시 진저 비어를 섞어 얼음을 채운 긴 잔에 내는 이 간단한 칵테일은 영국 해군이 19세기 말 진저 비어 공장을 연 식민지 버뮤다에서 기원한다. 전통적으로 항해사들의 1일 배급분이던 진하고 무게감 있는 데메라라 스타일의 럼으로 만들었다. 지금은 다수의 바텐더가 상큼한 라임 주스를 넣어 더 활기차게 만든다. 몇 년 전 고슬링 브라더스가 다크 '앤' 스토미의 상표와 레시피를 사면서 고슬링의 블랙 실 럼(Black Seal rum)이 이 음료의 공식 럼으로 기록되었다는 점을 알아두자.

 **한 잔 기준** 

다크 혹은
블랙스트랩 럼 60ml

라임 주스 30ml
드라이, 스파이시
진저 비어 120ml

GARNISH
라임 휠

- 콜린스 글라스에 럼과 라임 주스를 넣는다.
- 얼음을 넣고 진저 비어를 붓는다.
- 라임 휠로 장식하면 완성된다.

드 라 루이지애나

DE LA LOUISIANE

이 진하고 독한 칵테일은 라 루이지애나 혹은 칵테일 아 라 루이지애나(Cocktail a la Louisiane)라고도 부른다. 프랑스의 향기를 풍기는 이름이나 뉴올리언스에서 탄생했다. 1937년에 출간된 「뉴올리언스의 유명 칵테일과 제조법(Famous New Orleans Drinks and How to Mix Them)」에서 저자 스탠리 클리스비 아서(Stanley Clisby Arthur)는 레스토랑 라 루이지애나의 하우스 칵테일인 이 음료가 풍미도 좋고 맹렬한 크리올 요리와 잘 어울린다고 말했다.

한 잔 기준

라이 60ml
딕켈 선호
베네딕틴 22.5ml

스위트 베르무트 15ml
카르파노 안티카 선호
압생트 3dash

페이쇼드 비터스 3dash

GARNISH
브랜디에 절인 체리
룩사르도 선호

- 믹싱 글라스에 재료를 넣는다.
- 얼음을 넣고 차가워질 때까지 젓는다.
- 차가운 칵테일 글라스나 쿠페에 걸러낸다.
- 브랜디에 절인 체리로 장식한다.

데스 인 디 애프터눈

DEATH IN THE AFTERNOON

스페인 투우의 종말을 다룬 어니스트 헤밍웨이의 1932년 동명 소설이 샴페인에 압생트 샷 하나를 넣은 이 간단한 칵테일에 진지함을 더해주었다. 레시피는 1932년 유명 칵테일 북에 실렸다. 칵테일을 대하는 소설가의 진지함이 레시피에 고스란히 묻어난다. 한 번에 3~5잔을 마셔라. 당뇨가 있는 헤밍웨이는 칵테일에 설탕을 넣지 않았지만 약간의 달콤함이 이 술의 날카로운 맛을 가볍게 누그러뜨린다. 개인의 기호에 맞게 심플 시럽을 곁들여보자.

한 잔 기준

압생트 7.5~15ml

심플 시럽 1dash
(332p, 선택 사항)

샴페인 혹은
드라이 스파클링 와인,
맨 위에

- 플루트에 압생트와 심플 시럽(사용할 경우)을 넣는다.
- 차가운 샴페인이나 스파클링 와인을 천천히 부어서 완성한다.

플로로도라

FLORODORA

핑크빛으로 반짝이는 이 술은 1900년 뉴욕 카지노 시어터의 뮤지컬 「플로로도라」에서 환상적으로 아름다운 무희 여섯 명으로 이루어진 '플로로도라 섹스텟(Florodora Sextette)'을 위해 탄생했다. 데이비드 원드리치는 「임바이브(Imbibe!)」에서 이 칵테일에 대해 백만장자와 결혼한 그 댄서들을 연상시키는 술이라고 언급했다. 당차게 매력적인 플로로도라는 라즈베리에 라임, 진, 진저 소다를 섞는다. 월도프 애스토리아 호텔의 원조 술집에서 부자들이 흥청거리며 마시는 술이다.

한 잔 기준

라즈베리 4개
심플 시럽 15ml(332p)

진 45ml
라임 주스 22.5ml
진저 에일, 맨 위에

GARNISH
오렌지 휠, 라임 휠
라즈베리

- 칵테일 셰이커에 심플 시럽과 라즈베리를 넣고 섞는다.
- 진, 라임 주스, 얼음을 넣고 차가워질 때까지 흔든다.
- 콜린스 글라스에 얼음을 채우고 그 위로 더블 스트레인을 한다.
- 마지막으로 진저 에일을 붓는다.
- 오렌지 휠, 라임 휠, 라즈베리로 화려하게 장식하면 완성이다.

프렌치 75

FRENCH 75

이 샴페인 칵테일이 1900년대 초 파리의 해리스 뉴욕 바에 처음 등장했다는 역사 기록이 있으나 그 직후 뉴올리언스의 아르노즈 프렌치 75 바에서 레피시를 가져와 전설적인 칵테일로 부상시켰다. 원래는 코냑에 샴페인, 레몬 주스, 설탕을 넣지만 세월이 흐르며 진을 대신 넣는 게 유행이 되었다. 그러나 아르노즈는 코냑을 고수해 칵테일에 깊은 맛과 향신료의 느낌을 가미하고 가을과 겨울에는 거품이 많은 음료로 제조했다. 한층 생기 있는 진 버전(실제로는 진 사워 로얄Gin Sour Royale)은 더운 날 마시기에 가장 좋다.

한 잔 기준

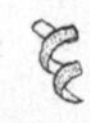

코냑 혹은 진 60ml
레몬 주스 15ml

심플 시럽 7.5ml(332p)
샴페인 혹은
드라이 스파클링 와인 90ml

GARNISH
길고 구불구불한
레몬 껍질

- 칵테일 셰이커에 코냑, 레몬 주스, 심플 시럽을 넣는다.
- 얼음을 넣고 차가워질 때까지 흔든다.
- 쿠페나 플루트에 걸러내고 샴페인이나 스파클링 와인을 올린다.
- 길고 구불구불하게 벗긴 레몬 껍질을 가니시로 사용한다.

가리발디

GARIBALDI

클래식 가리발디는 1800년대 중반 이탈리아의 통일에 공을 세운 주세페 가리발디(Giuseppe Garibaldi) 장군의 이름에서 따왔다. 전통적으로 캄파리와 신선한 오렌지 주스를 같은 분량으로 섞어 폭이 좁고 긴 잔에 낸다. 그러나 뉴욕의 술집 단테에서 출시한 나렌 영(Naren Young)의 버전은 캄파리 비율을 줄이고 시트러스에 초점을 두어 바의 고속 착즙기로 짠, 공기가 가득 든 '솜털 같은 오렌지즙'을 사용한다. 누구나 착즙기를 좋아하는 건 아니므로 신선한 오렌지 주스를 넣고 칵테일을 조금 더 많이 흔들어 공기를 잘 섞으면 된다.

한 잔 기준

캄파리 45ml

신선한 오렌지 주스 120ml

GARNISH
오렌지 웨지

- 칵테일 셰이커에 캄파리, 오렌지 주스, 얼음을 넣고 아주 차가워질 때까지 흔든다.
- 낮은 볼 글라스에 얼음을 올리고 그 위로 거른다.
- 오렌지 웨지로 장식한다.

깁슨
GIBSON

가니시가 얼마나 큰 힘을 발휘하는지 보여주는 좋은 예시다. 작은 양파가 쓴맛이 부족한 마티니를 완전히 새로운 음료인 깁슨으로 바꿔주기 때문이다. 이 술의 기원과 이름에 대해서는 역사적 논쟁이 분분하나(간단히 말하자면 1890년대 샌프란시스코 보헤미안 클럽의 월터 D.K. 깁슨Water D.K. Gibson이 만들었다거나 삽화가 찰스 다나 깁슨Charles Dana Gibson이 만들었다거나) 언제, 어떤 이유로 식초에 절인 양파를 레시피에 넣었는지 명확히 아는 사람은 아무도 없다. 첫 버전에는 양파를 넣지 않았다가 20세기 중반 양파를 넣은 깁슨이 등장해 문화적 관점에서 마티니에 도전장을 내밀었다.

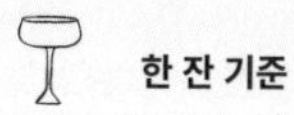

한 잔 기준

진 60ml

드라이 베르무트 30ml

GARNISH
칵테일 양파

- 믹싱 글라스에 재료를 넣는다.
- 얼음을 넣고 차가워질 때까지 휘젓는다.
- 얼린 쿠페나 칵테일 글라스에 거른다.
- 칵테일 양파로 장식한다.

알이 작은 양파 한 줌을 준비하여 껍질을 벗긴 뒤 설탕 1자밤과 백식초가 가득 든 유리병에 넣고 상온 혹은 냉장고에 최대 일주일까지 맛이 배도록 놔두면 칵테일 양파가 완성된다.

김렛

GIMLET

19세기 중반 영국 해군이 병사들의 괴혈병을 막기 위해 라임 주스를 배급했는데, 병사들이 외면하자 진을 넣어 김렛을 만들었다고 한다. 그 이름이 어디서 왔냐고? 아마도 배급을 맡은 해군 의료 장교 토머스 데스몬드 김렛(Thomas Desmond Gimlette)에서 따온 것으로 추정된다. 진 사워(102p)와 라임 주스가 반드시 들어가는 이 음료는 막 코트 밖으로 나온 신선한 느낌을 주기 때문에 컨트리클럽에서 사랑받았다.

 **한 잔 기준** 

진 60ml
라임 주스 22.5ml

심플 시럽 22.5ml(332p)

GARNISH
라임 휠

- 칵테일 셰이커에 재료를 넣는다.
- 얼음을 넣고 차가워질 때까지 흔든다.
- 얼린 쿠페나 칵테일 글라스 혹은 얼음을 넣은 락 글라스에 거른다.
- 라임 휠로 장식한다.

신선한 주스가 칵테일의 표준이 되기 전까진 로즈의 라임 코디얼이 김렛에 들어가는 재료였다. 지금도 일부 원칙주의자들은 라임 코디얼이 들어가지 않은 김렛은 진정한 김렛이 아니라고 주장하지만, 자존심 강한 바텐더라면 인공 감미료를 첨가한 재료를 쓸 리 없다.

진토닉

GIN AND TONIC

진토닉은 소박하지만 우리가 생각하는 것보다 훨씬 많은 역사를 담고 있다. 하이볼 계열 칵테일의 초기 멤버인 이 술은 대영제국이 영토를 확장해나가던 1850년대 중반 말라리아로 죽어가는 군인을 살리기 위해 보급한 음료였다. 기나피로 만든 토닉에 든 퀴닌이 질병 치료제라는 점이 밝혀지고 영국인들이 진을 매우 사랑한다는 사실이 더해져 이 같은 치료제가 등장했다. 긴 잔에 60ml의 진과 토닉 워터를 올리고 라임을 살짝 짜 넣는 것이 기본 공식이라면, 지금은 모든 종류의 진과 장인의 토닉 워터를 사용하는 등 많은 바텐더가 고전을 새롭게 해석하려고 노력하는 중이다.

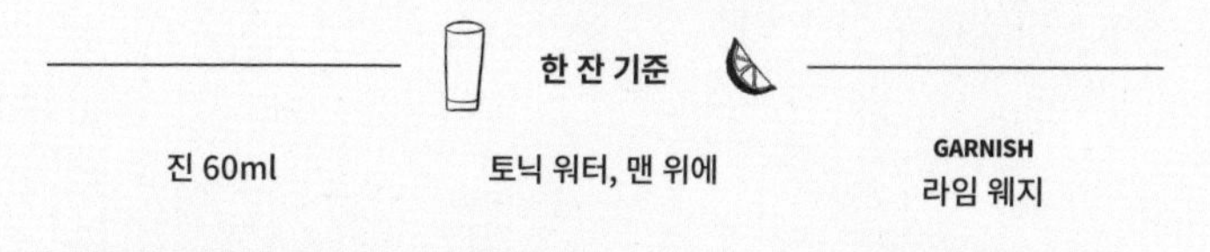

한 잔 기준

진 60ml

토닉 워터, 맨 위에

GARNISH
라임 웨지

- 하이볼 글라스에 진을 넣고 얼음을 채운다.
- 토닉 워터를 붓는다.
- 라임 웨지로 장식하면 완성이다

진 데이지

GIN DAISY(구버전과 신버전)

많은 클래식 칵테일처럼 진 데이지도 두 종류가 있는데, 20세기로 들어설 무렵 역사에 따라 두 갈래로 나뉘었다. 기본 레시피는 1807년에 나왔으며 오렌지 리큐어를 1~2dash만 넣어 신맛이 났다. 이후 탈바꿈을 하여 진의 비율을 줄이고 질감을 높이기 위해 심플 시럽을 넣으며 오렌지 리큐어의 자리를 그레나딘이 대신 채웠다. 바뀐 두 재료가 훨씬 간편하고 도수도 높아서 더 큰 사랑을 받았다. 구버전을 먼저 살펴보고 과일 맛이 한층 강한 신버전도 함께 즐겨보자.

한 잔 기준

진 60ml
오렌지 리큐어 22.5ml

레몬 주스 22.5ml
탄산수, 맨 위에

GARNISH
레몬 휠

- 칵테일 셰이커에 진, 오렌지 리큐어, 레몬 주스를 넣는다.
- 얼음을 넣고 차가워질 때까지 흔든다.
- 락 글라스 혹은 콜린스 글라스의 얼음 위로 걸러내고 탄산수를 올린다.
- 레몬 휠로 장식해서 마무리한다.

진 데이지를 신버전으로 즐기는 방법을 소개한다. 칵테일 셰이커에 진 45ml, 레몬 주스 15ml, 그레나딘 7.5ml(333p), 심플 시럽 7.5ml(332p)를 넣는다. 얼음을 넣고 차가워질 때까지 흔든다. 콜린스 글라스 또는 락 글라스에 얼음을 채우고 그 위로 걸러낸 뒤 탄산수를 붓는다. 오렌지 슬라이스로 장식한다.

진 피즈

GIN FIZZ

고전적인 19세기 피즈 레시피가 칵테일 주요 목록에서 가장 널리 활용되다가 더 단순한 진 버전이 나오자 인기가 치솟았다. 베이스인 스피릿의 허브와 시트러스의 풍미가 시트러스 시럽과 심플 시럽의 새콤달콤한 조합과 잘 어울리는 데다 탄산수를 더하자 한층 가벼워졌다. 톰 콜린스(189p)와 비슷한 계열의 이 피즈 레시피는 한층 강한 느낌을 주기 위해 진을 살짝 더 넣는다. 대신 얼음을 넣지 않는다는 점에 주목하자. 덕분에 희석할 필요 없이 술술 잘 넘길 수 있다.

한 잔 기준

진 60ml
레몬 주스 22.5ml

심플 시럽 22.5ml(332p)
오렌지 비터스 2dash

탄산수, 맨 위에

- 칵테일 셰이커에 진, 레몬 주스, 심플 시럽, 오렌지 비터스를 넣는다.
- 얼음을 넣고 차가워질 때까지 섞는다.
- 피즈나 하이볼 글라스에 거른다.
- 탄산수를 부어서 완성한다.

진 리키

GIN RICKEY

클래식 피즈를 변형한 리키는 19세기 말 미국의 수도로 이주한 미주리주의 로비스트 조 리키(Joe Rickey)가 만든 위스키 베이스 음료에서 기원한다. 리키는 슈메이커스 살롱을 즐겨 찾으며 '모닝스 모닝'이라는 음료를 주문했다. 긴 잔에 위스키 60ml를 넣고 얼음 위로 탄산수를 채우는 이 칵테일이 히트 치면서 전국적인 인기를 얻었고, 리키는 직접 음료 사업에 뛰어들어 탄산수를 팔기 시작했다. 이 버전에서 위스키를 진으로 대체하고 라임 주스를 넣은 새로운 레시피가 가장 유명하다.

한 잔 기준

진 60ml
런던 드라이 선호

라임 주스 15~22.5ml
탄산수, 맨 위에

GARNISH
라임 휠

- 콜린스 글라스에 진과 라임 주스를 넣는다.
- 얼음을 추가하고 탄산수를 올린다.
- 라임 휠로 장식하면 완성이다.

진 사워

GIN SOUR

펀치의 직계 후손인 이 기본 사워는 현대식 칵테일의 전형이다. 스프리츠를 베이스로 하여 시트러스, 설탕, 물을 넣고 작은 바 글라스에 담아내는 최초의 사워는 19세기 중반으로 거슬러 올라간다. 이 버전은 진과 레몬 주스 사이의 드라이하면서도 상큼한 맛의 균형이 특징이다.

 **한 잔 기준** 

진 60ml
레몬 주스 22.5ml

심플 시럽 22.5ml(332p)

GARNISH
레몬 휠

- 칵테일 셰이커에 재료를 넣는다.
- 얼음을 넣고 차가워질 때까지 흔든다.
- 미리 준비한 쿠페나 칵테일 글라스에 걸러낸다.
- 레몬 휠로 장식한다.

헤밍웨이 다이키리
HEMINGWAY DAIQUIRI

음료 배합과 이를 글로 옮기는 데 천재적인 능력을 지닌 어니스트 헤밍웨이는 칵테일 신화에 자주 등장하는 인물이다. 이 음료와 관련해서 그보다 더 유명한 사람은 찾을 수 없다. 1920년대 작가의 단골 술집인 아바나의 라 플로리디타에서 당뇨가 있던 것으로 추정되는 헤밍웨이에게 심플 시럽 대신 마라스키노 리큐어를 첨가한 이 변형 다이키리를 선보였다. 그는 한 번에 수십 잔을 마시거나 더블을 주문하기도 했는데, 그를 기리는 의미에서 '파파 더블(Papa Double)'이라고 불렀다.

한 잔 기준

화이트 럼 60ml
마라스키노 리큐어 15ml
룩사르도 선호

라임 주스 22.5ml
그레이프프루트 주스 15ml

GARNISH
라임 휠

- 칵테일 셰이커에 재료를 넣는다.
- 얼음을 넣고 차가워질 때까지 흔든다.
- 쿠페나 칵테일 글라스에 따른다.
- 라임 휠로 장식해서 마무리한다.

임프루브드 위스키 칵테일

IMPROVED WHISKEY COCKTAIL

이 칵테일의 이름이 불러올 다음의 질문에 대한 답을 짧은 술 역사에서 찾아보자. 과연 무엇을 향상(improved)시켰을까? 오래전 미국의 바텐더들은 유럽 리큐어를 접했고, 그들의 자원은 스피릿, 설탕, 비터스로 제한될 수밖에 없었다. 이 세 가지 재료에서 올드 패션을 포함해 놀라울 정도로 많은 칵테일이 탄생했다. 차세대 '임프루브드' 칵테일은 잔 테두리에 레몬 껍질을 감싸고 달콤한 리큐어를 더했다. 차세대 칵테일 중 최장수를 누리는 임프루브드 위스키 칵테일은 술이 점차 복잡해지던 역사의 순간을 들여다보는 기회를 제공한다

 한 잔 기준 

각설탕 1개
굵은 설탕 1tsp 혹은
심플 시럽 7.5ml(332p)
마라스키노 리큐어 1bsp
앙고스트라 비터스 1dash
페이쇼드 비터스 1dash
압생트 1dash
버번 혹은 라이 60ml

GARNISH
레몬 트위스트

- 락 글라스에 각설탕(혹은 설탕 혹은 심플 시럽)과 마라스키노 리큐어를 섞고, 두 가지 비터스와 압생트를 넣는다.
- 위스키를 넣고 젓는다.
- 얼음(커다란 각얼음)을 넣고 차가워질 때까지 젓는다.
- 레몬 휠로 장식한다.

정글 버드

JUNGLE BIRD

정글 버드는 다섯 가지 재료가 전부인 '간단한' 티키 칵테일이며, 1970년대 말 쿠알라룸푸르의 힐튼 호텔에서 처음 만들었다고 전한다. 상쾌한 캄파리에 자메이카 럼 혹은 블랙스트랩 럼을 베이스로 써서 쓴맛을 더한 것이 정글 버드가 다른 티키 칵테일보다 눈에 들어오는 이유다. 이 음료는 훗날 바텐더의 레퍼토리에 들어가 현대적인 아메리카 표본과 조화를 이루는데, 이것은 캄파리에 대한 동경에서 비롯되었다. 파인애플과 라임의 부드러움이 거친 맛을 누그러뜨리고 열대 특유의 활력을 더했다.

한 잔 기준

럼 45ml
자메이카나 블랙스트랩
캄파리 22.5ml

라임 주스 15ml
심플 시럽 15ml(332p)
파인애플 주스 45ml

GARNISH
파인애플 웨지

- 칵테일 셰이커에 재료를 넣는다.
- 얼음을 넣고 차가워질 때까지 흔든다.
- 티키 머그나 얼음을 넣은 락 글라스에 거른다.
- 파인애플 웨지로 장식한다.

라스트 워드

LAST WORD

디트로이트는 금주법 시대 음료 발전에 기여한 역할이 별로 없지만, 라스트 워드는 이 모터 시티 덕분에 존재할 수 있었다. 네 가지 재료를 같은 비율로 섞은 이 칵테일은 디트로이트 애슬레틱 클럽에 처음 등장했고, 아메리카의 어두운 금주법 시대에 욕조에서 만든 진이 베이스였다. 1951년 칵테일 매뉴얼 「바텀업(Bottoms Up!)」을 펴낸 테드 소시에(Ted Saucier)가 뛰어난 위트로 자신을 웃게 해준 독백공연가 프랭크 포가티(Frank Fogarty)에게 바치려고 만들었다. 시애틀 지그재그 카페의 바텐더 머레이 스텐슨(Murray Stenson)이 올드 바 매뉴얼을 찾다가 우연히 이 레시피를 발견했다. 라스트 워드는 지그재그에서 인기가 치솟았으며 칵테일 세계에서도 고전의 부활로 사랑받고 있다.

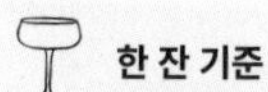

한 잔 기준

진 22.5ml
그린 샤르트뢰즈 22.5ml

라임 주스 22.5ml
마라스키노 리큐어 22.5ml
룩사르도 선호

GARNISH
브랜디에 절인 체리
룩사르도 선호

- 칵테일 셰이커에 재료를 넣는다.
- 얼음을 넣고 차가워질 때까지 흔든다.
- 시원한 쿠페나 칵테일 글라스에 걸러낸다.
- 브랜디에 절인 체리로 장식한다.

마이 타이

MAI TAI

1940년대를 대표하는 이 칵테일(타히티어로 마이 타이는 '훌륭하다'는 의미다) 하면 으레 명망 높은 로스앤젤레스의 티키 바 트레이더 빅스를 떠올린다. 이 럼 베이스 음료는 티키 문화의 발달과 유명 연예인의 지지에 힘입어(블루 하와이Blue Hawaii를 좋아하는 엘비스를 상상해보라) 대중의 머릿속에 열대 칵테일을 대표하는 이미지로 각인되었다. 그러나 마이 타이를 단순히 키치한 요소로만 봐선 곤란하다. 오렌지 주스 혹은 시럽이 들어간 마이 타이 믹스를 쓰지 않고 제대로 만들면 아주 괜찮은 음료이기 때문이다. 지금 소개하는 버전은 현대 티키 바텐더 브라이언 밀러(Brian Miller)의 레피시이며 트레이더 빅스의 1944년 원조 레시피를 토대로 한다.

한 잔 기준

화이트 럼 아그리콜 15ml
네이슨 레스프릿 럼 선호

골드 럼 15ml
해밀턴 자메이카 골드 선호

숙성 럼 15ml
엘도라도 15년산 선호

숙성 럼 15ml
애플턴 12년산 혹은
자메이카 농장 2001년산 선호

클레멘트 크리올 슈럽
15ml 혹은 오렌지 퀴라소
피에르 페랑 드라이 퀴라소 선호

라임 주스 30ml

오르자 22.5ml
오르자 웍스 혹은
소규모 수제품 선호

GARNISH
라임 휠
민트 가지(선택 사항)

- 칵테일 셰이커에 재료를 넣는다.
- 얼음을 넣고 차가워질 때까지 섞는다.
- 으깬 얼음을 넣은 락 글라스 위로 거른다.
- 라임 휠과 (원한다면) 민트 가지로 장식한다.

질 좋은 오르자가 고급스러운 마이 타이를 이루는 핵심이다. 소규모 공방에서 만드는 수제품이 가장 적합하다.

맨해튼

MANHATTAN

모든 미국인이 이름만 들어도 아는 칵테일 두 가지를 꼽자면 투명한 마티니와 진하고 깊은 맛이 일품인 맨해튼이다. 이 극적인 듀오는 탄탄한 스피릿 베이스에 베르무트로 맛을 증폭시킨 뒤(마티니는 드라이, 맨해튼은 스위트) 특징적인 가니시를 올려서 마무리한다. 마티니는 올리브, 맨해튼은 브랜디에 절인 체리다. 20세기에 걸쳐 마티니는 베르무트에 크게 의존하면서 팔레트가 한층 깊어졌지만 맨해튼은 여전히 제조 비율을 확고히 지키고 있다.

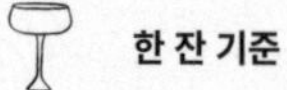

한 잔 기준

라이 혹은 버번 60ml
스위트 베르무트 30ml

앙고스트라 비터스 2dash

GARNISH
브랜디에 절인 체리
룩사르도 선호

- 믹싱 글라스에 재료를 넣는다.
- 얼음과 함께 잘 젓는다.
- 차가운 쿠페나 칵테일 글라스에 거른다.
- 브랜디에 절인 체리 하나 혹은 세 개로 장식한다.

마가리타

MARGARITA

테킬라, 신선한 라임 주스, 오렌지 리큐어, 설탕을 섞은 진짜 마가리타는 강하고 제대로 된 클래식 칵테일이다. 인기 있는 데이지를 남미 버전으로 변형한 것이라고 믿은 적도 있다(언어학적인 이유로 이런 소문이 돌았는데 마가리타가 스페인어로 '데이지'이기 때문이다). 세월이 흐르면서 이 칵테일이 티후아나 레스토랑과 아카풀코 사교계 명사에게서 나왔다는 이야기도 생겼다. 1953년 12월 『에스콰이어』지에 이달의 칵테일로 선정되었고 그 후 인기를 구가하고 있다. 기원이 어디든 이 버전은 확실하다. 고전과 현대 클래식인 토미(Tommy)의 마가리타 혼종으로 아가베 베이스의 감미료에 테킬라를 넣는다.

한 잔 기준

블랑코 테킬라 45ml
오렌지 리큐어 22.5ml
쿠앵트로 선호

라임 주스 22.5ml
아가베 넥타 1tsp

GARNISH
테두리에 붙일 소금(선택 사항),
라임 휠

- 락, 쿠페 혹은 칵테일 글라스를 준비하고 원한다면 테두리에 소금을 묻힌다(29p).
- 칵테일 셰이커에 재료를 넣는다.
- 얼음을 넣고 차갑게 흔든다.
- 기호에 따라 준비한 잔에 얼음을 넣고 거른다.
- 라임 휠로 장식한다.

쿠앵트로 대신 오렌지 리큐어를 쓸 경우 라임 주스 리큐어의 단맛에 따라 조절한다.

마르티네즈

MARTINEZ

마르티네즈가 마티니의 선조일까? 칵테일 역사가들이 혈통을 두고 논쟁을 벌이는 또 다른 부분이다. 한쪽은 마르티네즈가 선조 맞다고 확신하고, 다른 쪽에서는 둘이 동시대에 나왔다고 자신한다. 역사적으로 올드 톰 진(달달한 쪽), 스위트 베르무트, 마라스키노 리큐어로 만드는 마르티네즈는 드라이한 마티니와 비교하면 지나치게 단감이 있다. 역사가들은 또한 마르티네즈의 기원에 대해서도 논의 중이다. 일부는 캘리포니아주 마르티네즈시의 한 바에서 처음 나왔다고 믿고, 다른 일부는 제리 토머스가 그곳으로 여행 가서 만든 거라고 주장한다. 어느 쪽이든 공식적으로 레시피가 알려진 출처는 1884년 O.H. 바이런(O.H. Byron)의 저서 「현대 바텐더 가이드(The Modern Bartender's Guide)」다.

한 잔 기준

진 30ml
스위트 베르무트 45ml

마라스키노 리큐어 1tsp
룩사르도 선호
앙고스트라 비터스 2dash

GARNISH
오렌지 껍질

- 믹싱 글라스에 재료를 넣는다.
- 얼음을 넣고 차가워질 때까지 섞는다.
- 준비한 쿠페나 칵테일 글라스에 거른다.
- 오렌지 껍질로 장식해서 마무리한다.

마티니

MARTINEZ

칵테일 역사가들이 여기저기 들쑤시고 다녔지만 그 누구도 마티니의 탄생에 대해 제대로 된 정보를 확보하지 못했다는 점이 상당히 슬프다. 그러나 몇 가지 사실은 존재한다. 마티니는 맨해튼에서 나왔고, 20세기 들어 드라이한 칵테일의 인기가 치솟자 스위트 베르무트와 스위트 진을 넣은 혼합 음료에서 진화한 것이다. 시간이 흐르면서 비터스와 베르무트의 유행이 지났고 마티니는 진 쪽으로 상당히 기울었다. 잘못된 길로 들어서는 사이에 칵테일의 재부흥기가 찾아왔지만 지금은 베르무트와 진의 비율에 대한 순열 치환이 존재하고, 가니시를 올리브로 올리거나 바꿀 수 있으며 셰이크나 스터드로 기법을 변경하기도 한다. 클래식에 가장 가까운 버전은 각자 알아서 고르고 골라 스터드로 만드는 것이다.

한 잔 기준

진 60ml
드라이 베르무트 30ml
돌린 선호

오렌지 비터스 2dash

GARNISH
레몬 휠

- 믹싱 글라스에 재료를 넣는다.
- 얼음을 넣고 차가워질 때까지 젓는다.
- 미리 얼려둔 쿠페나 칵테일 글라스에 거른다.
- 기름이 배어 나올 정도로 비튼 레몬 휠을 가니시로 장식한다.

조금 더 드라이한 맛으로 마티니를 즐기고 싶다면 진과 베르무트의 비율을 4:1로 맞춰보자. 올리브즙을 살짝 넣고 질 좋은 올리브 한두 개를 가니시로 쓰면 마니티 더티가 된다.

멕시칸 파이어링 스쿼드

MEXICAN FIRING SQUAD

칵테일 작가이자 역사가, 방랑가인 찰스 H. 베이커 주니어(Charles H. Baker Jr.)가 멕시칸 파이어링 스쿼드를 발견해 1939년 저서 「신사의 동반자, 제2권(The Gentleman's Companion, Volume II: Being an Exotic Drinking Book or Around the World with Jigger, Beaker and Flask)」에 수록했다. 그는 라틴아메리카를 여행하며 금주법 시대에 가장 인기를 누린 멕시코시티의 라 쿠카라차 바에서 파이어링 스쿼드와 처음 만났다. 드라이한 음료인 파이어링 스쿼드는 리키(설탕을 넣지 않은 피즈)에 그레나딘으로 단맛을 살짝 가미하고 근사한 장밋빛이 감돌게 한다. 좀 더 푸짐하고 시원하게 즐기려면 이 스쿼드를 하이볼 글라스에 넣고 탄산수를 조금 올리면 된다.

 **한 잔 기준** 

테킬라 60ml
라임 주스 22.5ml

그레나딘 22.5ml(333p)
앙고스트라 비터스 5dash

탄산수(선택 사항)

GARNISH
라임 휠

- 칵테일 셰이커에 재료를 넣는다.
- 얼음을 넣고 차가워질 때까지 흔든다.
- 락 글라스에 얼음을 넣고 그 위로 거른다.
- 라임 휠로 장식하면 완성이다.

미첼라다

MICHELADA

변화무쌍한 미첼라다의 방정식(토마토 주스, 시트러스, 향신료 약간, 맥주)이 어디서 처음 시작되었는지는 분명치 않다. 확실한 건 이 술을 누가 만들든 숙취에 시달린다는 점이다. 미첼라다는 모든 재료를 음미할 수 있는 칵테일이다. 오렌지 주스나 여성스럽게 간장을 살짝 더할 수도 있고, 조금 더 묵직한 맛을 느끼고 싶을 땐 밀맥주를 활용하면 좋다. 그러나 진짜 재미있는 부분은 집에 있는 재료로 테두리를 예쁘게 꾸며보는 것이다. 클래식 칵테일에선 소금과 후추가 주인공이나 고추와 라임을 넣은 멕시코산 소금 타힌(Tajín)을 써도 좋고, 일본산 해초와 참깨를 섞은 후리카케(振り掛け)와 훈제 바비큐 향신료도 이색적이고 재미있다.

한 잔 기준

소금과 후추
라임 주스 30ml

핫소스 5~6dash
토마토 주스 90ml

멕시코 맥주 1병, 맨 위에

GARNISH
라임 웨지

- 파인트 글라스의 테두리에 소금과 후추를 입히고(29p) 얼음을 가득 채운다.
- 라임 주스, 핫소스, 토마토 주스, 소금, 설탕을 넣고 그 위에 맥주를 붓는다.
- 라임 웨지로 장식해서 완성한다.

밀리오네어 칵테일

MILLIONAIRE COCKTAIL

밀리오네어는 금주법 시대의 돌림노래 같은 음료다. 내로라하는 20세기 바텐더들이 그 이름에 친밀감을 느끼고 격차가 너무 많이 나는 레시피를 내놓는 통에 베이스로 쓰는 스피릿조차 통일성이 없다. 유일한 공통점은 재료들이 꽤 호사스럽다는 것이다. 이 칵테일은 1938년 하이먼 게일(Hyman Gale)과 제랄드 F. 마르코(Gerald F. Marco)가 집필한 칵테일 서적 「더 하우 앤 웬(The How and When)」에 등장한 레시피에서 영감을 얻었다. 이후 배합 부분이 살짝 업그레이드되었고, 뉴욕시 임플로이즈 온리의 제이슨 코스마스(Jason Kosmas)와 두산 자릭(Dushan Zaric)의 추천으로 레몬 주스를 살짝 가미하기 시작했다.

 **한 잔 기준** 

버번 60ml
포 로지스 선호
그랑 마니에르 22.5ml

그레나딘 15ml(333p)
레몬 주스 15ml

달걀흰자 1개
압생트 4dash
GARNISH
막 갈아낸 육두구

- 칵테일 셰이커에 재료를 넣는다.
- 얼음을 넣고 차가워질 때까지 흔든다.
- 차가운 쿠페나 칵테일 글라스에 거른다.
- 육두구 가루를 뿌려서 장식한다.

민트 줄렙

MINT JULEP

민트 줄렙은 현대 주류 사회에 가장 잘 어울리는 칵테일이다. 매년 12만 잔의 줄렙이 팔린다고 알려진 켄터키 더비 덕분이다. 경주와 모자는 함께 할 수 없기에 이 미국 토박이 음료는 18세기로 거슬러 올라간다. 정확한 기원과 레시피에 대해서는 수많은 논문이 있지만 간단히 말하자면, 1700년대 말 버지니아의 귀족들이 마시던 음료에서 비롯되었다는 설이 가장 유력하다(비싼 은주석과 탐스러운 얼음을 마냥 으깰 수 있는 사람이 얼마나 될까). 남북전쟁 이후 남부가 포도나무뿌리진디로 빈곤해지면서 브랜디가 종적을 감췄고 덕분에 버번이 사랑받았다.

한 잔 기준

커다란 민트 가지 1개
심플 시럽 15~22.5ml(332p)

버번 60~75ml
보세품 선호

GARNISH
민트 한 다발

- 줄렙 틴이나 락 글라스에 민트 가지를 심플 시럽과 함께 넣고 즙이 나오게 살짝 눌러 섞는다.
- 곱게 간 얼음을 채워 넣는다.
- 버번을 붓고 그 위로 얼음을 더 쌓는다.
- 기름이 배어 나오도록 민트 한 다발을 손바닥에 놓고 두드려서 장식한다.

모히토

MOJITO

드레이크(Draque, 비정제 럼, 자당, 라임 주스를 섞은 오래된 쿠바 음료)의 후손인 모히토는 한층 섬세한 화이트 럼이 19세기 중반부터 후반 사이 시장에 진입했을 때 개발되었다. 레시피가 처음 인쇄물에 기록된 것은 1930년대다. 모히토라는 이름에 관한 설은 많다. 일부는 쿠바의 라임 시즈닝인 모조(mojo)에서 비롯되었다고 말하며, 다른 일부는 스페인어로 '젖은'이라는 뜻의 모하도(mojado)를 재미있게 변형한 것이라고 주장한다. 마이애미 클럽 문화가 사방으로 번지며 모히토는 1990년대 초 미국에서 인기가 급증했고 클래식 칵테일의 입지를 굳게 다졌다. 엉성하게 만들 경우(너무 달거나 너무 독하거나) 재앙이 될 수 있지만, 제대로 만든 모히토는 더운 날 달콤새콤한 맛으로 갈증을 싹 씻어준다.

한 잔 기준

민트 가지 2개
설탕 2tsp

네 등분한 라임 1개
라이트 럼 60ml
탄산수, 맨 위에

GARNISH
민트 가지
라임 슬라이스

- 콜린스 글라스에 민트 가지와 설탕을 넣는다.
- 머들러로 가볍게 눌러 기름이 나오게 한다.
- 4분의 1쪽짜리 라임을 넣고 즙을 짜낸다.
- 럼을 부어서 젓고 얼음을 추가한다.
- 탄산수를 붓고 민트 가지와 라임 슬라이스로 장식한다.

모스크바 뮬

MOSCOW MULE

차가운 구리 머그잔이 시그니처인 모스크바 뮬은 더운 여름날 최고의 마실거리다. 진저 비어를 베이스로 한 칵테일 중 남성미를 자랑하는 이 보드카 벅은 1940년대 초 당시 무명이던 스미노프의 경영진 존 G. 마틴(John G. Martin)과 할리우드 콕 '앤' 불 바의 경영주이자 진저 비어 생산자 잭 모건(Jack Morgan)이 술을 마시며 대화를 나누다 아이디어를 얻었다고 알려져 있다. 때마침 두 사람 앞에 소피 베레진스키(Sophie Berezinski)가 나타났고, 그는 아버지의 공장 모스코 코퍼에서 만든 머그를 팔기 위해 막 미국으로 이주한 참이었다. 이렇게 진정한 마케팅 천재들이 모여 기량 발휘를 못 하는 자신들의 제품을 활용해 쉽게 만들 수 있는 음료를 생각해낸 것이다.

 **한 잔 기준** 

보드카 60ml
라임 주스 22.5ml

진저 비어 120ml
피버 트리 혹은 펜티먼스 선호

GARNISH
오렌지 껍질

- 쿠퍼 뮬 머그나 콜린스 글라스 혹은 하이볼 글라스에 보드카와 라임 주스를 따른다.
- 으깨거나 갈아낸 얼음을 올린다.
- 진저 비어를 붓고 스위즐 스틱이나 바스푼으로 살살 저어서 잘 섞는다.
- 라임 휠로 장식해서 마무리한다.

네그로니

NEGRONI

칵테일마다 재미있는 사연이 얽혀 있듯이 네그로니에도 방탕한 이탈리아 귀족과 관련된 이야기가 있다. 미국에서 로데오 카우보이를 즐길 만큼 호전적인 네그로니 백작이 그 주인공이다. 1919년 그는 이탈리아 바에서 거친 성향에 걸맞게 아메리카노와 비슷하지만 더 독한 술을 주문했다. 탄산수 대신 진과 프레스토를 넣은 이 술이 바로 네그로니다. 달콤쌉싸래함이 잘 어우러진 이 강력한 음료는 균형미가 뛰어나 고전 칵테일의 재부흥기를 여는 시금석이 되었다.

한 잔 기준

진 30ml
캄파리 30ml

스위트 베르무트 30ml

GARNISH
오렌지 껍질

- 믹싱 글라스에 재료를 넣는다.
- 얼음을 넣고 차가워질 때까지 젓는다.
- 얼음만으로 즐길 거라면 락 글라스에 얼음을 넣고 그 위로 거른다. 더 근사하게 마시고 싶다면 차가운 쿠페나 칵테일 글라스에 거른다.
- 오렌지 껍질로 장식해서 마무리한다.

네그로니 스바글리아토

NEGRONI SBAGLIATO

네그로니를 살짝 변형한 이 칵테일은 밀라노의 바텐더가 클래식 음료를 만들 때 진 대신 프로세코를 쓰면서 개발했다고 알려졌다. 스바글리아토는 '부적절한' 혹은 '실수'라는 의미가 있다. 사실 강하고 씁쓸한 이탈리아의 식전주는 따지고 보면 다 부적절하다. 스바글리아토가 실수라 해도 고치고 싶지 않다.

 **한 잔 기준** 

캄파리 30ml
스위트 베르무트 30ml

프로세코 90ml, 맨 위에
(혹은 드라이 스파클링 와인)

GARNISH
오렌지 껍질

- 락 글라스나 낮은 볼 글라스에 캄파리, 스위트 베르무트, 얼음을 넣는다.
- 프로세코 혹은 스파클링 와인을 올리고 잘 섞이도록 살살 젓는다.
- 오렌지 껍질로 장식한다.

뉴욕 사워

NEW YORK SOUR

사람들 틈에서 눈에 띄고 싶다면 뉴욕 사워만큼 탁월한 선택은 존재하지 않을 거다. 완벽한 위스키 사워(버번이나 라이, 설탕, 레몬 주스)처럼 셰이크하고 얼음 위에 부은 뒤 눈이 즐거워지는 풍부한 거품을 올린 이 뉴욕 버전은 레드 와인을 더하고 체리를 올리는 상위 버전도 있다. 이렇게까지 형형색색으로 화려하게 꾸밀 필요는 없지만, 그래서 더 뉴욕답지 않은가.

한 잔 기준

라이 혹은 버번 60ml

레몬 주스 30ml
심플 시럽 30ml(332p)

GARNISH
레드 와인 7.5ml

- 칵테일 셰이커에 위스키, 레몬 주스, 심플 시럽을 넣는다
- 얼음을 넣고 차가워질 때까지 흔든다.
- 얼음을 채운 락 글라스에 거른다.
- 바스푼 뒷면으로 레드 와인을 가볍게 흘려보내 칵테일 꼭대기에 작은 웅덩이를 만든다.

올드 팔

OLD PAL

오랫동안 사랑받는 음료의 창시자들이 유령이 되어 나타나 현 최고의 바텐더들에게 지침과 영감을 주는 게 아닐까 싶을 만큼 세월이 흘러도 변함없이 등장하는 이름이 있다. 그중 한 사람이 1920년대 파리 해리스 바의 소유주가 된 아일랜드 남자 해리 맥엘혼이다. 맥엘혼이 '오랜 친구'인 윌리엄 '스패로우' 로빈슨(William 'Sparrow' Robinson)을 믿은 만큼 파리 『뉴욕 헤럴드(New York Herald)』지의 이 스포츠 편집자가 바텐더들이 그들의 '오랜 친구' 맥엘혼에게 바치는 많은 올드 팔 버전이 나오게 해주었다. 올드 팔은 맥엘혼의 또 다른 음료인 불바르디에(59p)와 비슷하지만 스위트 베르무트 대신 드라이 베르무트를 쓰고 라이와 캄파리를 섞어서 한층 드라이한 맛으로 즐길 수 있다.

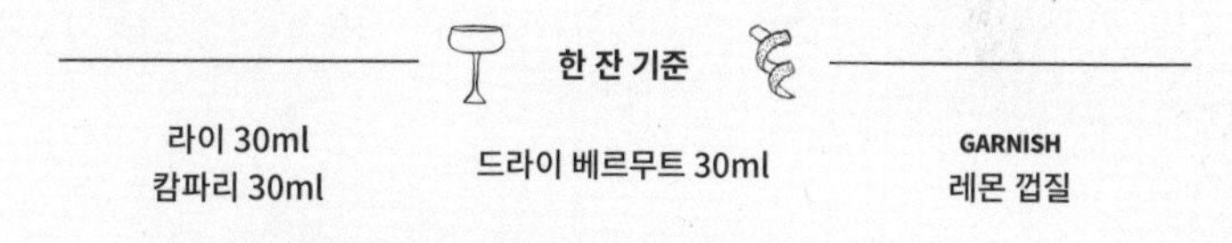

한 잔 기준

라이 30ml
캄파리 30ml

드라이 베르무트 30ml

GARNISH
레몬 껍질

- 믹싱 글라스에 재료를 넣는다.
- 얼음을 넣고 차가워질 때까지 젓는다.
- 미리 준비해둔 쿠페나 칵테일 글라스에 거른다.
- 레몬 껍질로 장식해서 완성한다.

올드 패션

OLD-FASHIONED

스피릿, 설탕, 비터스, 물을 섞으면 간단히 완성되는 올드 패션은 1806년 칵테일 레시피를 소개한 책에 처음 이름을 올렸다가 한층 호사스러운 최신식 칵테일 붐이 일어난 100년 뒤에야 다시 등장했다. 사실 금주법 시대 올드 패션은 이상한 쪽으로 레시피가 변질되고 엉성한 스피릿에 과일과 체리를 더하는 방식이 거슬린 탓에 소소한 발자취마저 잃어버렸다. 금주법이 폐지된 이후 사칭 버전이 나돌다 최근 칵테일이 부흥기를 맞으면서 멸종 직전에 원래의 레시피를 복원할 수 있었다.

 **한 잔 기준** 

각설탕 1개
굵은 설탕 1tsp
혹은 심플 시럽 7.5ml(332p)

앙고스트라 비터스 2~3dash
따뜻한 물 약간
(각설탕이나 설탕을 쓸 경우)

라이 혹은 버번 60ml

GARNISH
오렌지 껍질

- 더블 락 글라스에 각설탕이나 설탕을 넣고 앙고스트라 비터스와 따뜻한 물을 조금 끼얹은 상태로 설탕이 녹을 때까지 섞는다. 심플 시럽을 쓰는 경우 더블 락 글라스에서 비터스와 함께 젓는다.
- 위스키와 얼음(커다란 각얼음 선호)을 넣고 잘 젓는다.
- 오렌지 껍질을 가니시로 마무리한다.

페인킬러

PAINKILLER

독한 럼을 층층이 쌓고 황당한 가니시를 올리는 수많은 티키 칵테일에도 페인킬러 같은 이름을 붙일 수 있다. 하지만 이 칵테일은 부드러움을 강조하여 싱글 버진 아일랜드 럼(Virgin Islands rum)이 파인애플 주스, 오렌지 주스, 코코넛 크림이라는 파도를 타고 열대 섬으로 여행을 떠나는 기분을 전해준다. 페인킬러의 기원은 논란이 많지만(영국 버진 아일랜드 요스트반다이크섬 소기 달러 바의 다프네 핸더슨 Daphne Henderson이 원조라는 말이 가장 유력하다) 이 칵테일의 소유주에 대해서는 모두가 의견 일치를 보인다. 1990년대에 푸서즈 럼이 페인킬러의 상표권을 등록했기 때문이다.

한 잔 기준

버진 아일랜드 럼 45ml
파인애플 주스 45ml
오렌지 주스 15ml

코코넛 크림 22.5ml
코코 로페즈 선호

GARNISH
막 간 육두구, 민트 가지
장식용 우산(선택 사항)

- 칵테일 셰이커에 재료를 넣고 드라이 셰이크를 한다.
- 티키 머그에 따르고 잘게 부순 얼음을 올린다.
- 갈아낸 육두구, 민트 가지로 꾸미고 원한다면 장식용 우산까지 곁들여 완성한다.

팔로마

PALOMA

거부감 없는 콜린스 글라스에 즐기는 평온한 라 팔로마(la paloma)는 스페인어로 '비둘기'를 가리킨다. 시원한 거품이 넘실거리는 이 칵테일은 마가리타와 그레이하운드(Greyhound)의 달콤쌉싸래한 사랑의 결실로 태어났다. 팔로마의 출처에 대해서는 별로 알려지지 않았지만 고국 멕시코에서 마가리타보다 더 널리 사랑받는다는 사실은 부인할 수 없다. 엄밀히 말해 팔로마의 가장 단순하고 시원한 버전은 잔 테두리에 소금을 입힌 톨 글라스에 테킬라, 라임 주스, 그레이프프루트 맛이 나는 프레스카(Fresca)나 스쿼트(Squirt) 같은 탄산음료를 넣는 게 전부다. 이 책에서는 탄산음료를 신선한 그레이프프루트, 심플 시럽, 탄산수로 대체해 단맛을 조절하고 그레이프프루트 비터스 1~2dash를 넣어 시트러스의 산뜻한 느낌까지 가미했다.

한 잔 기준

테킬라 60ml
그레이프프루트 주스 30ml
라임 주스 15ml

심플 시럽 22.5ml(332p)
그레이프프루트 비터스 2dash
(선택 사항)

탄산수, 맨 위에
GARNISH
그레이프프루트 휠

- 칵테일 셰이커에 첫 번째 재료 네 가지(비터스를 쓰는 경우 다섯 가지)를 넣는다.
- 얼음을 넣고 차갑게 흔든다.
- 얼음을 채운 콜린스 글라스에 따른다.
- 탄산수를 올리고 그레이프프루트 휠로 장식한다.

페구 클럽

PEGU CLUB

미얀마 양곤의 페구 클럽은 1920년대 영국인들의 사교 중심지였다. 구성원은 버마 랑군으로 알려진 도시의 옛 정치 시대 시민들이었고, 그들이 마시던 하우스 칵테일이 바로 페구 클럽이다. 이 음료는 1927년 파리 해리스 뉴욕 바의 소유주 해리 맥엘혼의 「술집 단골들과 칵테일」에 수록되었고, 오드리 샌더스(Audrey Sanders)가 운영하는 뉴욕의 동명 바 덕분에 그 이름을 더욱 오래 남길 수 있었다.

한 잔 기준

런던 드라이 진 60ml
드라이 퀴라소 22.5ml
피에르 페랑 선호

라임 주스 22.5ml
앙고스트라 비터스 1dash
오렌지 비터스 1dash

GARNISH
라임 껍질

- 칵테일 셰이커에 재료를 넣는다.
- 얼음을 넣고 차가워질 때까지 흔든다.
- 미리 식혀둔 쿠페나 칵테일 글라스에 거른다.
- 라임 껍질로 장식하면 완성이다

페구 클럽은 아주 드라이한 칵테일이다. 살짝 단맛을 가미하고 싶다면 심플 시럽(332p)을 1~2dash 넣어보자.

필라델피아 피시 하우스 펀치

PHILADELPHIA FISH HOUSE PUNCH

필라델피아 피시 하우스 펀치는 반항적인(게다가 지나치게 흥분한) 식민지 미국인인 어부, 정치인, 필라델피아 사람들이 독립전쟁 이전 펜실베이니아 스카일킬어업회사라는 사교클럽을 세우면서 탄생했다. 클럽은 하나의 주권국이라는 집합체임을 선언하고 스스로 '시민'이라 일컬었다. 지금도 그렇게 하고 있다. 자극적이고 독한 이 펀치는 느긋한 여름 오후(혹은 따뜻하고 훈훈한 겨울 주말)를 즐기기 위해 만들었고, 그래서 어떤 계획, 낚시, 그 밖의 볼일에 이 술을 들고 가지 못하게 막아준다.

 **열 잔 기준** 

설탕 ½컵
레몬 2개 분량의
껍질과 즙 보관

따뜻한 홍차 2컵(혹은 물)
자메이카 럼 2컵
코냑 1컵

피치 브랜디 ¼컵

GARNISH
정향을 통째 박은 레몬 휠

- 커다란 볼에 설탕과 레몬 껍질을 넣고 레몬의 기름기가 설탕에 스며들도록 섞어서 30분 정도 놔둔다. 따뜻한 차(혹은 물)를 넣고 설탕이 녹을 때까지 젓는다.
- 럼, 코냑, 레몬 주스, 피치 브랜디를 넣고 잘 섞는다.
- 얼음 한 통을 넣어 차갑게 만든 다음 작은 얼음 조각을 넣고 적당히 희석한다.
- 레몬 휠로 장식하고 국자로 개인 잔에 따른다.

핌스 컵

PIMM'S CUP

진 베이스에 제철 과일과 리큐어를 섞는 서머 컵(Summer Cup) 펀치는 영국인들이 1900년대 초반부터 즐겨 마신 음료다. 19세기 중반 영국인 제임스 핌(James Pimm)이 자신이 운영하는 런던 오이스터 바에서 똑같은 이름의 진 베이스 리큐어를 한층 상큼한 버전으로 만들어냈을 때만 해도 이 음료가 윔블던의 공식 칵테일로 지정되리라곤 상상조차 못 했다. 켄터키 더비에 민트 줄렙이 있다면 윔블던에는 핌스 컵이 있다. 길게 썬 오이와 오렌지 혹은 딸기로 장식하는 이 음료는 스피릿, 제철 과일 혹은 라지 포맷으로 만드는 등 다채로운 방식으로 즐길 수 있다.

 **한 잔 기준** 

핌스 넘버 1 60ml
레몬 주스 15ml

심플 시럽 7.5ml(332p)
탄산수, 맨 위에
앙고스트라 비터스 2dash

GARNISH
오이 슬라이스
민트 가지
제철 베리와 시트러스

- 콜린스 글라스에 핌스, 레몬 주스, 심플 시럽을 넣고 휘젓는다.
- 얼음을 넣고 탄산수와 비터스를 올려서 부드럽게 섞는다.
- 길게 저민 오이, 신선한 민트 가지, 베리와 시트러스를 활용해 꽃꽂이하듯 호화롭게 장식한다.

피나 콜라다

PIÑA COLADA

1900년대 초 인기를 누린 무알코올 파인애플 슬러시(피나 프리아Piña Fria)의 쿠바식 레시피를 바탕으로 나온 이 얼린 음료는 코코넛 크림과 럼을 넣는 형태로 진화했다. 푸에르토리코인 힐튼이 1954년 이 음료 레시피를 개발했다고 주장했지만, 피나 콜라다라고 부르는 음료가 처음 언급된 것은 쿠바의 바에서 내놓는 음료를 소개하는 1950년 『뉴욕타임스(New York Times)』지 기사였다. 1978년 워렌 제본(Warren Zevon)의 '런던의 늑대인간(Werewolves of London)'에 "트레이더 빅스에서 피나 콜라다를 마시는 늑대인간을 봤어."라는 가사가 등장하고, 1979년 루퍼트 홈즈(Rupert Holmes)의 싱글차트 1위 곡인 '이스케이프(Escape, 피나 콜라다 송)'가 나오면서 불멸의 칵테일로 위상을 떨쳤다. 덕분에 피나 콜라다는 근사한 딴 세상 음료라는 대중적 이미지를 얻는 데 성공했다.

한 잔 기준

라이트 혹은 숙성 럼 60ml
라임 주스 15ml

파인애플 주스 30ml
코코넛 크림 30ml
코코넛 밀크 30ml

GARNISH
파인애플 웨지
장식용 우산

- 믹서에 재료와 얼음 한 컵을 넣는다.
- 고속으로 돌려서 곱게 갈아낸다.
- 콜린스 글라스나 허리케인 글라스 혹은 속을 파낸 파인애플에 따른다.
- 파인애플 웨지와 장식용 우산으로 꾸미면 완성이다.

피스코 사워

PISCO SOUR

피스코, 레몬 주스, 심플 시럽, 달걀흰자로 만드는 산뜻하고 거품 넘치는 이 칵테일은 미국과 페루 양국에 뿌리를 두고 있다. 미국에서 태어난 빅터 모리스(Victor Morris)가 20세기 초 철도 공사 작업자로 페루에 갔다가 바를 차렸다는 숨은 사연이 있다. 그는 페루의 지역 리큐어를 사워 레시피에 접목한, 피스코 사워라고 알려진 선조들의 음료에 매료되어 버렸다.

한 잔 기준

피스코 60ml
레몬 주스 22.5ml

심플 시럽 15ml(332p)
큰 달걀 ½개분 혹은
작은 달걀 1개분의 흰자

GARNISH
앙고스트라 비터스

- 칵테일 셰이커에 재료를 넣고 흔든다.
- 얼음을 넣고 다시 잘 흔든다.
- 차가운 쿠페나 칵테일 글라스에 거른다.
- 앙고스트라 비터스 몇 방울을 떨어뜨려 마무리한다.

플랜터즈 펀치

PLANTER'S PUNCH

플랜터즈 펀치의 역사는 서인도제도가 이국적인 땅이고 레시피를 운문으로 적던 시절로 거슬러 올라간다. "사워 2, 스위트 1.5, 강한 거 3, 약한 거 4." 1908년 『뉴욕타임스』지에 나온 설명이다. 재료의 비율은 이 음료의 이름처럼 만드는 이에 따라 달라진다. 한때는 자메이칸 럼 펀치(「사보이 칵테일 북」)나 크레올레 펀치(영국 소설가 알렉 워Alec Waugh의 주장)라고 불렀으나 럼, 라임, 설탕, 물이 들어가는 건 확실하다. 티키에 충실한 트레이더 빅스 같은 곳에서 나오는 한층 현대적인 버전은 그레나딘 혹은 퀴라소 같은 감미료를 쓴다.

 **한 잔 기준** 

다크 캐러비안 럼 45ml
라임 주스 15ml
파인애플 주스 30ml

오렌지 주스 15ml
그레나딘 7.5ml(333p)

GARNISH
파인애플 슬라이스
시트러스 휠 또는 민트 가지

- 칵테일 셰이커에 재료를 넣는다.
- 얼음을 넣고 차가워질 때까지 흔든다.
- 얼음을 채운 락 글라스에 따른다.
- 파인애플 슬라이스와 시트러스 휠에 민트 가지를 더해서 장식한다.

마시는 인원수를 곱해서 계량하면 분량을 쉽게 조절할 수 있다.

퀸스 파크 스위즐

QUEEN'S PARK SWIZZLE

딱히 들어가는 재료가 별로 없지만 스위즐 스틱(25p)이 필요한 기법의 독특한 특성을 잘 보여준다. 트리니다드에서 만든 럼 베이스에 비터스를 올린 이 칵테일은 포트오브스페인의 유명한 크리켓 구장에서 이름을 따왔다. 그러나 훈증해 맛이 깊은 전통 데메라라 럼 베이스가 이웃 가이아나에서 돌풍을 일으켰고, 트리니다드보다 럼 산업이 더욱 확립된 이 나라에서 20세기 초반 퀸스 파크 스위즐이 등장했다.

한 잔 기준

큰 민트 가지 1개
심플 시럽 30ml(332p)
라임 주스 30ml
데메라라 럼 60ml
앙고스트라 비터스 4dash

GARNISH
민트 가지

- 콜린스 글라스나 허리케인 글라스에 민트 가지와 심플 시럽을 넣고 기름이 배어 나올 때까지 가볍게 누른다.
- 라임 주스, 럼, 으깬 얼음을 넣는다.
- 빨대 혹은 스위즐 스틱을 써서 섞는다.
- 으깬 얼음을 더 넣고 앙고스트라 비터스 몇 방울을 떨어뜨린다.
- 민트 가지로 장식한다.

라모스 진 피즈

RAMOS GIN FIZZ

칵테일 바에서 라모스 진 피즈를 주문하면 바텐더의 반응은 두 가지로 나뉜다. 당황스럽다는 듯 눈을 굴리거나 손공이 많이 들어가는 클래식 칵테일을 주문한 것에 기뻐하며 정성을 다해 만들어주려고 하거나. 진 피즈(98p)와 밀크 셰이크 중간 어디쯤의 질감을 가진 라모스는 1888년 뉴올리언스 헨리 라모스(Henry Ramos)의 임페리얼 캐비닛 살롱에서 탄생했다. 라모스는 구름같이 거품이 풍성한 음료를 원했고, 실제로 여러 명의 '셰이커맨'을 고용해 돌아가며 거품이 일도록 저으라고 지시했다. 완벽하게 거품이 풍성한 라모스 진 피즈는 수십 명의 셰이커맨 없이는 제대로 만들기 어렵다. 최고의 결과물을 얻으려면 재료를 가지고 드라이 셰이크를 한 다음 두 번째 섞을 때 얼음을 넣어야 한다.

 **한 잔 기준** 

진 60ml
레몬 주스 15ml
라임 주스 15ml

심플 시럽 15ml(332p)
오렌지 플라워 워터 3dash
크림 30ml

달걀흰자 1개분
탄산수 60ml

GARNISH
라임 껍질

- 칵테일 셰이커에 탄산수를 제외한 모든 재료를 넣는다.
- 얼음이 없는 상태에서 1분간 흔든다.
- 얼음을 넣고 차가워질 때까지 흔든다.
- 스니프터나 콜린스 글라스에 따르고 탄산수를 붓는다.
- 라임 껍질로 장식한다.

리멤버 더 메인

REMEMBER THE MAINE

스피릿 전문 작가 찰스 H. 베이커(Charles H, Baker)의 1939년 작품 「신사의 동반자, 술 탐방기(The Gentleman's Companion or Around the World with Jigger, Beaker and Flask)」에 처음 이름을 올린 라이 위스키를 베이스로 한 이 칵테일은 사제락, 맨해튼, 거창한 배경 이야기가 같은 비율로 버무려져 있다. 미국 해군함 메인이 1898년 쿠바를 점령한 스페인과 싸우려고 아바나 해안에 정박해 있었다. 그런데 이 함선이 알 수 없는 이유로 폭발하고 가라앉자(일부에서는 석탄 때문이라고 주장한다) 전쟁을 도발하는 저널리스트들이 "메인을 기억하라. 스페인을 지옥으로 보내자."라는 문구로 규탄에 나섰고, 이것이 스페인과 미국 전쟁을 촉발해 쿠바의 독립을 가져왔다. 우연히 아바나에 머물던 베이커는 1933년 쿠바 독립에 관한 글에서 이 음료를 언급했다. "그 끔찍함은… 매번 침을 넘길 때마다… 내셔널 호텔이 폭격에 불타오르는 소리가 들렸다."

한 잔 기준

압생트 1dash
라이 60ml

스위트 베르무트 22.5ml
체리 헤링 2tsp

GARNISH
브랜디에 절인 체리
룩사르도 선호

- 차가운 쿠페나 칵테일 글라스에 압생트 1dash를 넣는다.
- 잔을 돌려서 압생트를 입히고 남은 건 따라 버린다.
- 믹싱 글라스에 다른 재료를 넣는다.
- 얼음을 넣고 잘 젓는다.
- 준비한 잔에 따른다.
- 브랜디에 절인 체리로 장식한다.

롭 로이

ROB ROY

월도프 애스토리아 호텔이 브로드웨이 극장가와 가깝다는 점이 20세기로 넘어가는 시점에서 위대한 칵테일의 탄생을 도왔다. 이 칵테일을 통해 연극의 관객을 떠올리기도 하고 연극 자체를 떠올리기도 한다. 킬트를 입은 이타적인 스코틀랜드 남성 주인공인 롭 로이가 바텐더들에게 맨해튼(114p)에 들어가는 라이나 버번을 스카치 위스키로 바꾸도록 영감을 주었다. 이 음료가 변절자를 참고하면서 맨해튼보다 한층 날렵하고 온화해졌다. 스카치가 스위트 베르무트와 비터스로 강화된 혼합 버전은 필요 그 이상을 넘어섰다.

한 잔 기준

스카치 60ml
블렌디드 선호
스위트 베르무트 30ml

앙고스트라 비터스 2dash

GARNISH
브랜디에 절인 체리
룩사르도 선호
혹은 레몬 껍질

- 믹싱 글라스에 재료를 넣는다.
- 얼음을 넣고 차가워질 때까지 젓는다.
- 미리 준비한 쿠페나 칵테일 글라스에 따른다.
- 브랜디에 절인 체리나 레몬 껍질로 장식한다.

롭 로이에 카르파노 안티카 스위트 베르무트를 섞으면 근사하고 묵직한 바디감이 인상적인 음료를 만들 수 있다. 이 제품을 구할 수 없다면 과일 맛이 조금 더 감도는 마티니 앤 로시의 스위트 베르무트가 훌륭한 대안이다.

사제락

SAZERAC

뉴올리언스에서 탄생한 사제락과 뷰 카레(Vieux Carré, 194p)는 기백이 넘치는 강렬한 이야기를 담고 있다. 1800년대 중반 사제락 커피 하우스에서 탄생한 원조 사제락 레시피는 코냑이 들어갔다. 그러나 19세기 후반 프랑스 포도원에 포도나무뿌리진디가 발병하며 포도가 부족해졌고, 코냑도 부족 사태를 겪었다. 원재료를 사용할 수 없자 바텐더들은 남부에서 아주 흔한 라이 위스키를 베이스로 대체했다. 1912년 압생트가 불법이 되면서 사제락은 다시 변화를 겪었고, 압생트 맛을 내기 위해 지역 술인 허브세인트(Herbsaint)를 썼다. 사제락은 아니스, 매운 라이, 향신료가 들어간 페이쇼드 비터스로 인해 매력적이며 강렬한 향을 발산하고, 덕분에 클래식 칵테일 분야에서 가장 사랑받는 음료로 자리매김할 수 있었다.

 **한 잔 기준** 

압생트 1dash
각설탕 1개
굵은 설탕 1tsp
또는 심플 시럽 7.5ml(332p)

탄산수 한 번 끼얹음
라이 60ml
페이쇼드 비터스 2dash

GARNISH
레몬 껍질

- 락 글라스에 압생트 1dash를 넣는다.
- 잔을 돌려서 압생트를 입히고 남은 건 따라 버린다.
- 다른 락 글라스나 믹싱 글라스에 각설탕이나 설탕, 탄산수를 넣고 휘젓는다.
- 설탕이 녹으면 라이, 비터스, 얼음을 넣고 잘 젓는다.
- 미리 준비한 락 글라스에 걸러내고 레몬 껍질로 장식해서 마무리한다.

스콜피온 볼

SCORPION BOWL

다양한 티키 칵테일처럼 스콜피온도 진과 와인을 가미한 펀치부터 트레이더 빅스의 1946년 레시피인 현대 버전에 이르기까지 무수히 많은 여정을 거쳐왔다. 어디서 원조 레시피가 사라지고 당대의 방식이 시작되었는지 알기 어렵고, 특히나 언제 그렇게 많은 럼이 들어가기 시작했는지 아무도 모른 채 베일에 싸여 있다. 다만 빅이 하와이에 있는 동안 스콜피온의 모델이 된 펀치를 시도했고, 이때 폴리네시아의 코르딜리네에서 추출한 토종 증류주 오코레하오(okolehao)를 썼다는 점만 알려졌다. 그 밖에 아몬드로 만든 시럽인 오르자가 스콜피온 볼의 수많은 레시피에 끊임없이 등장하는데, 다크 럼과 과일의 균형을 잡아주는 핵심 역할을 한다.

네 잔 기준

아네호 럼 300ml
코냑 60ml
오르자 90ml

레몬 주스 120ml
오렌지 주스 90ml

GARNISH
막 갈아낸 시나몬
시나몬 스틱
그레이프프루트 껍질
난초 혹은 불붙인 라임 껍질

- 믹서에 재료를 넣고 으깬 얼음 한 컵을 붓는다.
- 재빨리 갈아서 스콜피온 볼에 붓거나 개인 티키 머그에 나눈다.
- 볼이나 머그에 여러 개의 커다란 각얼음을 넣는다.
- 가니시로 막 갈아낸 신선한 시나몬, 시나몬 스틱, 그레이프프루트 껍질, 난초 혹은 불붙인 라임 껍질을 사용한다.
- 빨대를 꽂으면 완성이다.

셰리 코블러

SHERRY COBBLER

많은 사람이 셰리 코블러는 미국에서 탄생한 칵테일이며 1820년대 혹은 1830년대 초 언제쯤 나온 것으로 알고 있다. 그러나 대부분의 19세기 음료와 마찬가지로 기원은 불분명하다. 위대한 탄생이 국제적인 명성으로 이어진 건 찰스 디킨스의 호의와 그의 「마틴 처즐위트의 삶과 모험(Life and Adventures of Martin Chuzzlewit)」(1843~1844년) 덕분이다. 그가 첫 셰리 코블러를 마신 뒤 이 음료에 대한 소감을 19세기 감성으로 표현한 건 칵테일 애호가라면 익히 알고 있다. "마틴은 놀란 표정으로 잔을 들었다. 그리고 입술을 갈대에 댔다. 그의 눈동자는 황홀함으로 빛났다. 그는 마지막 한 방울이 잔에서 떨어질 때까지 미동도 하지 않았다. '이 근사한 발명품은 말이죠, 선생님.' 마크가 빈 잔을 부드럽게 두드리며 말했다. '코블러라고 한답니다.'"

한 잔 기준

오렌지 슬라이스 2~3개
설탕 1tsp

셰리 105ml
아몬티야도 선호

GARNISH
제철 베리와 민트

- 믹싱 틴에 오렌지 슬라이스와 설탕을 넣고 섞는다.
- 셰리와 얼음을 넣고 흔든다.
- 콜린스 글라스에 으깬 얼음을 넣고 그 위로 거른다.
- 제철 베리, 민트로 장식하고 빨대를 꽂아서 낸다.

오렌지 슬라이스에 집착할 필요는 없다. 셰리 코블러는 제철 과일을 넣으면 더욱 근사한 맛이 난다. 색다른 변화를 주고 싶다면 셰리의 종류를 바꾸고 기호에 맞게 설탕을 조절해보자.

셰리 플립

SHERRY FLIP

플립은 바텐더들이 스타우트 맥주(특히 거품이 많은 버전을 만들려고), 럼(한층 다채로운 맛을 위해) 혹은 브랜디(강력한 한 방을 위해)를 실험하는 과정에서 뒤늦게 부활했다. 하지만 드라이 올로로소 셰리의 진하고 고소한 맛과 높은 글레시롤 함량이 이 술에 점도를 엄청나게 강화했고 여기에 달걀 하나를 다 써서 더한 부드러움이 제리 토머스가 1887년 버전의 「칵테일 제조법」에 적절하게 묘사한 것처럼 '아주 맛있는 음료'로 '섬세한 사람들에게 활력을 준다'. 그 말이 정말 맞다. 추운 날씨에 기운을 돋우는 셰리 플립은 휴가철에 마시는 에그노그(eggnog)의 극단성과 높은 도수를 줄인 훌륭한 대안이다.

 **한 잔 기준** 

올로로소 셰리 60ml

심플 시럽 혹은
데메라라 시럽 15ml(332p)
달걀 1개

GARNISH
막 갈아낸 육두구

- 셰이커에 재료를 넣고 30초 동안 힘차게 흔든다.
- 얼음을 넣고 다시 30초 동안 흔든다.
- 쿠페나 작은 와인 글라스에 거른다.
- 막 갈아낸 육두구를 솔솔 뿌려서 장식한다.

사이드카
SIDECAR

사이드카는 다른 클래식 음료의 들러리 취급을 받기 일쑤였다. 코냑, 쿠앵트로, 레몬의 적절한 비율을 맞추는 게 불가능해서 그랬는지도 모른다. 항상 한 가지 맛이 다른 두 가지를 덮어버리고 만다. 그렇지만 제대로 된 지점을 찾으면 사이드카만큼 훌륭한 칵테일도 없다. 어디서 태어났는지 알 수 없지만 (런던? 파리?) 19세기 중반 뉴올리언스에서 태어난 올드 패션의 변형인 코냑 베이스의 브랜디 크러스타(Brandy Crusta)에서 영감을 받았다고 보는 편이 무방하다. 또한 심플 시럽을 쿠앵트로로 교체한 코냑 사워로 볼 수도 있다. 현재 사이드카는 크러스타처럼 테두리에 설탕을 묻힌 잔에 서빙하는데, 이 방식은 1930년대 사이드카 레시피에서 시작되어 그 뒤로 굳어졌다.

 **한 잔 기준** 

코냑 60ml
(VS 혹은 VSOP)
쿠앵트로 22.5ml

레몬 주스 22.5ml

GARNISH
테두리에 바른 설탕(선택사항)
오렌지 껍질

- 기호에 따라 쿠페 혹은 칵테일 글라스 테두리에 설탕을 입힌다(29p).
- 칵테일 셰이커에 재료를 넣는다.
- 얼음을 넣고 차가워질 때까지 흔든다.
- 준비한 잔에 따른다.
- 오렌지 껍질로 장식한다.

싱가포르 슬링

SINGAPORE SLING

현존하는 가장 오래된 음료 레시피인 기본 슬링은 원래 스피릿, 물, 감미료로 만들었다. 슬링보다는 티키 느낌의 펀치에 더 적합한 싱가포르 슬링은 1915년 화창한 싱가포르의 래플스 호텔에서 처음 만들었다. 당시에는 진, 시트러스, 탄산수, 체리 브랜디를 넣은 음료에 지나지 않았다. 그 후 세월이 흐르며 과장된 찬사를 여러 번 거치더니 일각에서는 병에 든 희석 음료와 캔 주스까지 쓰기도 했다. 현재 싱가포르 슬링은 신선한 라임 주스와 체리 브랜디를 사용해 드라이한 원래 모습으로 돌아왔다.

 **한 잔 기준** 

런던 드라이 진 45ml
체리 헤링 7.5ml
쿠앵트로 7.5ml
베네딕틴 7.5ml

그레나딘 7.5ml(333p)
라임 주스 30ml
파인애플 주스 22.5ml
앙고스트라 비터스 1dash

탄산수 60ml

GARNISH

브랜디에 절인 체리
파인애플 웨지
민트 가지

- 칵테일 셰이커에 탄산수를 제외한 모든 재료를 넣는다.
- 얼음을 넣고 차가워질 때까지 흔든다.
- 콜린스 글라스에 얼음을 올리고 그 위로 거른다.
- 탄산수를 붓는다.
- 브랜디에 절인 체리, 파인애플 웨지, 민트 가지로 장식한다.

슬로 진 피즈

SLOE GIN FIZZ

최근까지 슬로 진은 앨라배마 슬래머(Alabama Slammer)와 슬로 컴포터블 스크류(Sloe Comfortable Screw) 같은 터무니없는 이름이 붙은 채 대학생이나 마시는 싸구려 칵테일 베이스로 알려져 있었다. 그러나 1980년대 보라색 물결이 미국 캠퍼스를 휩쓸더니 1990년대는 제대로 된 영국식 슬로 진의 과일 향 감도는 유사품이 나오기 시작했다. 클래식 슬로 진 피즈는 미국에서 영국 야생 자두나무 슬로베리(자두 계열로 열매가 한층 작다)를 진에 담근 혼합물인 진짜 슬로 진이 돌아오며 르네상스를 맞았다. 지금 소개하는 슬로 진 피즈는 일반 진과 슬로 진을 섞어서 정통성을 살짝 비껴갔지만 부드러운 거품의 특별한 매력을 느낄 수 있도록 달걀흰자를 선택했다.

한 잔 기준

탄산수 30ml
슬로 진 22.5ml
플리머스 선호

진 22.5ml
레몬 주스 22.5ml

심플 시럽 15ml(332p)
달걀 흰자 1개분(선택 사항)

- 쿠페나 피즈 글라스에 탄산수를 따른다.
- 칵테일 셰이커에 슬로 진, 진, 레몬 주스, 심플 시럽을 넣고 원한다면 달걀흰자를 추가하여 흔든다.
- 얼음을 넣고 제대로 차가워질 때까지 다시 흔든다.
- 준비한 잔에 걸러내고 탄산수를 부어 부드러운 거품을 음미한다.

사우스사이드

SOUTHSIDE

글라스를 어떻게 바라보느냐에 따라 사우스사이드는 탄산수 없는 진 모히토와 민트를 넣은 김렛(92p) 사이 어디쯤에 있다. 뉴욕의 21클럽에서는 금주법 시대 메뉴에 이 레시피가 들어 있다고 주장하지만, 일부 칵테일 역사가들은 그보다 40년 일찍 롱아일랜드의 사설 클럽인 사우스사이드 스포츠맨즈 클럽에서 멋진 맨해튼 남자들이 사냥과 낚시를 즐기고 민트 줄렙을 마시던 데서 유래했다고 본다. 민트 줄렙이 사우스사이드의 여정에 영감을 준 것이다. 이 음료는 클럽의 활동이 멈추고 여성과 남성이 모이는 자리에서 위상이 높아졌는데, 가볍고 상큼한 특성 덕분에 어떤 상황이든 좋은 대화를 나누는 촉매제가 되었다.

한 잔 기준

민트 잎 6~8장
심플 시럽 22.5ml(332p)

진 60ml
라임 주스 22.5ml

오렌지 비터스 1dash

GARNISH

민트 가지

- 칵테일 셰이커에 민트 잎과 심플 시럽을 넣고 가볍게 으깬다.
- 다른 재료를 넣고 얼음과 함께 차가워질 때까지 흔든다.
- 쿠페나 칵테일 글라스에 더블 스트레인을 한다.
- 민트 가지를 손바닥에 놓고 두드려서 장식한다.

이 버전에서 런던 스타일 드라이 진을 넣으면 사우스사이드가 특별히 더 근사해진다. 알았다면 당장 실행에 옮겨보자.

스톤 펜스

STONE FENCE

1775년 독립전쟁이 시작될 무렵, 타이콘데로가 요새가 공격당하기 전 이선 앨런(Ethan Allen)과 그린 마운틴 보이스(Green Mountain Boys)는 캐슬턴의 레밍턴 태번에서 럼과 진한 사이다 혼합주를 거하게 마셨다. 앨런은 요새에 십수 명밖에 안 되는 경비대만 있는 걸 보고 얼른 장교 숙소로 뛰어가 '위대한 여호와와 대륙회의의 이름으로' 항복하라고 요구했다. 영국인들은 앨런에게 별로 저항하지 않았고 타이콘데로가 요새는 성공리에 함락되었는데, 아마도 피를 따뜻하게 해주는 스톤 펜스 덕분일 거다. 앨런이 살던 시절에 럼과 진한 사이다는 확실히 이 음료의 중추적인 역할을 했으나 시간이 흐르면서 위스키 생산량이 럼을 넘어섰다. 지금 소개하는 레시피는 럼, 브랜디 혹은 위스키를 쓸 수 있다. 워싱턴디시의 위스키 업체인 서던 이피션시 직원들은 민트와 앙고스트라 비터스를 추가하라고 신신당부한다.

 **한 잔 기준** 

다크 럼, 브랜디,
버번 혹은 라이 60ml
앙고스트라 비터스 1dash

갓 착즙한
애플 사이다 150ml

GARNISH
민트 가지 혹은
막 갈아낸 육두구

- 락 글라스에 얼음을 담고 그 위에 재료를 넣는다.
- 민트 가지나 막 갈아낸 신선한 육두구로 보기 좋게 장식한다.

티 펀치

TI' PUNCH

티 펀치는 마르티니크의 국격 칵테일로 미국의 올드 패션에 대한 이 섬의 대답이라 볼 수 있다. 전통적으로 이 음료(티는 크리올의 변종이며 프랑스어로 '프티petit'다)는 아주 신선한 사탕수수즙으로 만든, 풀 향이 감도는 마르티니크의 럼 아그리콜을 많이 넣는다. 여기에 라임 주스를 살짝 가미하고 럼과 같은 즙으로 만든 사탕수수 시럽을 조금 끼얹는다. 심플 시럽을 넣어도 아무 문제 없다.

한 잔 기준

사탕수수 시럽 한 번 끼얹음
혹은 심플 시럽(332p)

라임 웨지 1개
럼 아그리콜 60ml,
라이트 혹은 다크

GARNISH
둥글게 벗긴 라임 껍질

- 락 글라스에 사탕수수 시럽을 넣고 라임을 한 번 짠다.
- 럼 아그리콜과 각얼음 한두 개를 넣는다.
- 살살 저어서 둥글게 벗긴 라임 껍질로 장식한다.

톰 콜린스

TOM COLLINS

미국에서 톰 콜린스의 기원은 1874년 '위대한 톰 콜린스 장난'에서 비롯된다. 친구들끼리 장난치면서 한 사람에게 모퉁이 바에서 '톰 콜린스'라는 사람을 만났는데 그가 네 욕을 했다고 말하면, 그 말을 들은 친구가 '톰 콜린스'를 찾아 바로 달려가는 쓸데없는 짓을 하게 만드는 놀이다. 하지만 영국 쪽에서는 말이 다르다. 런던의 바텐더 존 콜린스(John Collins)가 19세기 후반에 동명의 진 펀치를 만들려 했고, 올드 톰 진을 쓰면서 톰 콜린스가 되었다고 주장한다. 이 칵테일이 공식 레시피로 처음 등장한 것은 제리 토머스의 「바텐더 가이드」다. 어느 쪽이 진짜 경로인지, 어쩌면 두 가지 주장이 혼합된 것인지 알 수 없지만, 톰 콜린스는 레몬, 설탕, 탄산수, 진을 넣은 스프리츠 같은 음료이며 원래 진한 레모네이드가 반드시 들어간다.

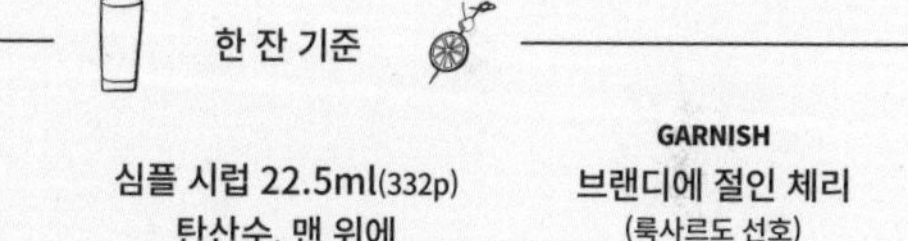

한 잔 기준

진 45ml
레몬 주스 22.5ml

심플 시럽 22.5ml(332p)
탄산수, 맨 위에

GARNISH
브랜디에 절인 체리
(룩사르도 선호)
오렌지 휠

- 칵테일 글라스에 진, 레몬 주스, 심플 시럽을 넣는다.
- 얼음을 넣고 차가워질 때까지 흔든다.
- 콜린스 글라스에 얼음을 넣고 그 위로 거른다.
- 탄산수를 붓는다.
- 브랜디에 절인 체리와 오렌지 휠로 장식하면 완성된다.

턱시도
TUXEDO

19세기 황혼기에 열두 개 정도의 셰리와 진 음료가 등장했고 20세기 초에 아주 작은 변화를 거치며 계속 자리를 지켰다. 그중 턱시도는 드라이 베르무트 대신 셰리를 넣은 마티니(121p)의 변종으로 가장 훌륭하고 널리 알려진 칵테일이다. 이름은 1886년 뉴욕에서 북쪽으로 64킬로미터 떨어진 오렌지카운티 컨트리클럽 리빙 초창기에 실험적으로 운영된 턱시도파크에서 가져왔다. 턱시도파크는 미국에서 최초로 하수도가 완공된 곳일 뿐만 아니라 턱시도라고 부르는 연미복 꼬리가 짧은 정장의 발상지이기도 하다. 이 부르주아 유토피아의 회원들은 턱시도이츠(Tuxedoites)로 알려졌는데, 그들은 일과를 마치고 도시를 벗어나기 전에 도시 최고의 바(그중 가장 잘 알려진 월도프 애스토리아 바)에 들렀으며, 그곳에서 이 음료가 탄생했다.

한 잔 기준

진 60ml
플리머스 혹은 비피터 24 선호

피노 셰리 30ml
라 이나 선호
리건스 오렌지 비터스 2dash

GARNISH
오렌지 껍질

- 믹싱 글라스에 재료를 넣는다.
- 얼음을 넣고 잘 젓는다.
- 차가운 쿠페나 칵테일 글라스에 거른다.
- 오렌지 껍질로 장식한다.

베스퍼

VESPER

제임스 본드(James Bond)가 마티니를 발명한 건 아니지만 이언 플레밍(Ian Fleming)의 첫 번째 본드 시리즈 「카지노 로얄(Casino Royale)」(1953년)을 보면 그는 바에서 이 음료를 주문한 최초의 인물이다. 소설에서 주인공은 독한 술이 필요해 보드카, 진, 키나 릴레(Kina Lillet)를 넣고 “젓지 말고 흔들어요.”라고 주문한 뒤 이 시리즈에서 자신이 유일하게 사랑한 베스퍼 린드(Vesper Lynd)의 이름을 붙였다. 본드의 팬들은 그의 말이 절대 틀릴 리가 없다고 생각하지만, 칵테일 역사가들은 그가 키나 릴레(퀴닌을 우려낸 화이트 와인 식전주로 이 양조장에서 베르무트도 생산한다)를 언급한 건 베르무트를 계속 활용하려는 의도가 아닌지 의심의 눈길을 보내고 있다. 1980년대 릴레가 한층 가벼워지고 달아지면서 퀴닌이 줄어들었다. 우리는 릴레의 섬세함을 뭉개버리지 않으려고 그 비중을 살짝 늘렸다. 달콤쌉싸래한 이탈리아의 식전주 코키 아메리카노가 과거의 키나 릴레와 가장 비슷하다고 볼 수 있다. 불경스럽게 여길 수도 있겠지만 본드가 “흔들어요.”라고 했어도 모든 스피릿의 부드러운 질감을 유지하려면 반드시 “저어요.”라고 해야 한다.

한 잔 기준

진 90ml 보드카 30ml	릴레 블랑 15~22.5ml 혹은 코키 아메리카노 15ml	**GARNISH** 레몬 껍질

- 믹싱 글라스에 재료를 넣는다.
- 얼음을 넣고 잘 젓는다.
- 차가운 쿠페나 칵테일 글라스에 거른다.
- 레몬 껍질로 장식한다.

뷰 카레

VIEUX CARRÉ

뉴올리언스는 미국 도시를 통틀어 한층 강하고 스터드 기법으로 만든 칵테일이 많은 곳이다. 허리케인부터 사제락, 팻 오브라이언즈(Pat O'Brien's)에서 나폴레옹 하우스(Napoleon House)까지 상당수의 뉴올리언스 칵테일 역사는 특정한 컨셉이 잘 어우러져 있다. 「뉴올리언스의 유명 칵테일과 그 제조법」을 펴낸 스탠리 클리스비 아서는 이 칵테일의 원조는 프렌치 쿼터인 뷰카레에 자리한 호텔 몬텔레온에 있다고 말한다. 현재 이 칵테일은 뉴올리언스의 클래식으로 남아 있고 몬텔레온의 캐러셀 바에서 고전 레시피 그대로 즐길 수 있다. 로열거리가 지나가는 특이한 지구에 자리한 캐러셀 바는 사람들로 활기를 되찾고 있다.

 **한 잔 기준** 

라이 30ml
코냑 30ml
스위트 베르무트 30ml

베네딕틴 7.5ml
페이쇼드 비터스 2dash

앙고스트라 비터스 2dash

GARNISH
오렌지 혹은 레몬 껍질

- 믹싱 글라스에 재료를 넣는다.
- 얼음을 넣고 차가워질 때까지 젓는다.
- 락 글라스에 얼음을 넣고 그 위로 거른다.
- 오렌지나 레몬 껍질로 장식해서 완성한다.

위스키 스매시

WHISKEY SMASH

보통 사람들의 민트 줄렙이라고 부르는 위스키 스매시는 한층 유명한 요소들을 가지고 있지만 호화스러운 건 배제한다(주석 컵, 더비 모자 등). 19세기 뉴욕 바텐더로 '미국 칵테일의 아버지'이자 「바텐더 가이드」를 펴낸 제리 토머스는 '소박한 민트 줄렙'이라고 불렀다. 으깬 레몬 몇 조각과 민트 한 주먹만 있으면 상큼한 맛이 가득 살아나 독한 위스키가 이상하리만큼 술술 넘어간다.

한 잔 기준

민트 가지 1개
심플 시럽 2dash(332p)

레몬 휠 2개
버번 혹은 라이 45ml

GARNISH
민트 가지와 레몬 휠

- 콜린스 글라스나 락 글라스에 민트와 심플 시럽을 넣고 즙이 나오도록 가볍게 으깬다.
- 레몬 휠을 넣고 즙이 나오도록 누른다.
- 으깬 얼음이나 작은 각얼음을 넣고 버번을 붓는다.
- 바스푼이나 스위즐 스틱을 써서 부드럽게 젓는다.
- 민트 가지와 레몬 휠로 장식하면 완성이다.

위스키 사워

WHISKEY SOUR

사워의 표준(위스키, 레몬 주스, 설탕을 넣고 얼음 위에서 흔든다)이라고 부르는 이 음료는 간단한 레시피와 장식이 없는 단순함 때문에 많은 칵테일의 토대가 되었다. 바텐더 대부분이 허브나 과일 리큐어로 세련되게 미묘함을 더하고 싶겠지만 위스키 사워는 그런 미사여구를 전혀 바라지 않는다. 그저 달걀흰자만 추가하면 부드럽고 특별한 새 칵테일(보스턴 사워Boston Sour로 알려진)을 만들 수 있다. 한층 강렬한 걸 원한다면 꼭대기에 레드 와인을 올려 위스키 사워를 1800년대 말 등장한 뉴욕 사워(138p)로 바꿀 수 있다.

한 잔 기준

버번 60ml
레몬 주스 22.5ml

심플 시럽 22.5ml(332p)

작은 달걀흰자 1개분
혹은 15ml(선택 사항)

- 칵테일 셰이커에 재료를 넣고 흔든다.
- 얼음을 넣고 다시 잘 흔든다.
- 차가운 쿠페나 칵테일 글라스 혹은 얼음을 채운 락 글라스에 거른다.

좀비
ZOMBIE

티키 칵테일 문화의 선구자로 널리 알려진 돈 비치. 일명 돈 더 비치콤버로 알려진 그가 1934년 할리우드에 동명의 바를 열고 신선한 주스, 이국적인 과일, 혼합 시럽, 수많은 럼 베이스의 다양한 칵테일을 선보이기 시작했다. 좀비는 그의 전형적인 칵테일 표본으로 강하고 신비롭다(이 칵테일은 두 개의 소유권이 섞여 있다). 바에서 전해지는 이야기에 따르면 오리지널 버전은 아주 강해서 비치가 한 번에 두 잔 이상 마시지 못하게 했다고 한다. 이 레시피는 비치의 1934년 원조 레시피를 가져온 것으로 제프 '비치범 베리'(Jeff 'Beachbum Berry')가 자신의 책 「시핑 사파리(Sippin' Safari)」에 옮긴 것이다.

 **한 잔 기준** 

자메이카 럼 45ml
푸에르토리코 럼 45ml
151프루프 럼 30ml

돈스 믹스 15ml (알아두기)
벨벳 팔레넘 15ml
라임 주스 22.5ml

그레나딘 7.5ml(333p)
압생트 2dash
앙고스트라 비터스 1dash

GARNISH
민트 가지

- 칵테일 셰이커에 재료를 넣는다.
- 각얼음 몇 개를 넣고 흔든다.
- 티키 머그에 얼음을 으깨 넣고 그 위로 거른다.
- 민트 가지로 장식한다.

돈스 믹스는 그레이프프루트 주스와 시나몬 시럽(333p)을 2:1로 섞어 밀폐 용기에 넣고 냉장고에 보관했다가 쓰면 된다.

CLOVER CLUB

MODERN

RECIPES

아메리칸 트릴로지

AMERICAN TRILOGY

뉴욕주 뉴욕, 리처드 보카토(Richard Boccato)와
마이클 맥길로이(Michael Mcilroy) 레시피

올드 패션(142p)은 지난 15년 동안 금주법 시대 칵테일 르네상스를 이끈 표상이라는 데 모두가 동의할 것이다. 당시 많은 변형과 발전을 거쳤는데 그것만으로 책 한 권을 다 채울 정도니까 말이다. 바텐더는 백이면 백 모두 베이스 스피릿(위스키)을 바꿔서 메즈칼, 숙성 럼, 그 밖의 증류주로 대체한 뒤 나머지 요소는 그대로 놔두는 어설픈 짓을 한다. 그러나 리처드 보카토와 마이클 맥길로이는 뉴욕의 리틀 브랜치에서 함께 일하며 모든 요소를 바꿔보았고, 덕분에 이 음료가 한층 깊고 진해졌다. 그들은 라이와 애플잭을 분리하고 풍미를 위해 황설탕을 넣고 오렌지 비터스로 산뜻한 느낌을 더하여 엘비스 프레슬리(Elvis Presley)의 노래 제목을 붙였다. 이보다 더 미국다울 수 있을까?

 **한 잔 기준** 

황색 각설탕 1개
오렌지 비터스 2dash

라이 30ml
애플잭 30ml(보세품)

GARNISH
길고 구불구불하게 벗긴
오렌지 껍질

- 락 글라스에 각설탕을 넣고 오렌지 비터스로 흠뻑 적신다.
- 알갱이가 있는 걸쭉한 상태가 되도록 부드럽게 으깬다.
- 라이, 애플잭, 얼음(커다란 각얼음 선호)을 넣는다.
- 길고 구불구불한 오렌지 껍질로 장식한다.

아메리카노 퍼펙토

AMERICAN PERFECTO

뉴욕주 브루클린, 그랜드 아미 바의 데이먼 볼테(Damon Boelte) 레시피

캄파리, 스위트 베르무트, 탄산수로 만드는 이탈리아의 아메리카노(38p)에 맥주를 더한 건 순전히 미국의 센스다. 브루클린의 데이먼 볼테는 이 섄디(shandy) 버전을 클래식 식전주에 들어가는 일반 탄산수와 엄청나게 산뜻한 독일 필스너(pilsner) 맥주인 아인베커(Einbecker)로 바꿨다. 원조 레시피는 캄파리와 스위트 베르무트를 같은 비율로 넣는데, 볼테는 그 부분을 유지하며 베르무트를 두 가지로 썼다. "카르파노는 너무 과하고 돌린은 너무 가벼운데 전 둘의 성향을 다 좋아합니다. 같이 넣으면 사랑스럽게 균형 잡힌 스위트 베르무트가 되거든요."

한 잔 기준

캄파리 45ml
돌린 루즈 스위트 베르무트 22.5ml
카르파노 안티카 스위트 베르무트 22.5ml
필스너 120ml

GARNISH
오렌지 휠

- 콜린스 글라스에 얼음을 채운다.
- 캄파리와 두 가지 베르무트를 넣는다.
- 필스너를 붓고 오렌지 휠로 장식하면 완성이다.

앙고스트라 콜라다

ANGOSTURA COLADA

워싱턴주 시애틀, 루상의 잭 오버맨(Zac Overman) 레시피

콜라다에 새바람이 일며 일반 럼 베이스를 한층 다채로운 향신료나 허브 맛이 도는 리큐어로 바꾸기 시작했다. 지금 소개하는 앙고스트라 콜라다는 잭 오버맨이 럼의 대부분을 앙고스트라 비터스로 변경한 레시피인데, 1~2dash 분량이 아니라 45ml를 전부 교체했다. "앙고스트라 비터스는 훌륭한 티키 칵테일을 만들 때 필요한 모든 조건을 갖추고 있습니다. 맛을 층층이 쌓으면서 따뜻하고 이국적인 향신료의 풍미까지 감돌고 도수도 높으니까요. 전 이 음료를 향신료가 더 강렬한 럼으로 보는 편입니다." 라임과 도수 높은 럼이 맛을 부드럽게 하고 입술에 감도는 비터스와의 균형도 잡아준다. 동시에 파인애플과 코코넛 크림이 음료의 이국적인 특성을 유지해준다.

 **한 잔 기준** 

앙고스트라 비터스 45ml
도수가 높은 럼 15ml
스미스 앤 크로스 선호
파인애플 주스 60ml

코코넛 크림 45m
라임 주스 30ml

GARNISH
오렌지 슬라이스
파인애플 잎
막 간 육두구, 장식용 우산

- 칵테일 셰이커에 재료를 넣는다.
- 얼음을 넣고 차가워질 때까지 흔든다.
- 스니퍼로 따르고 으깬 얼음을 채운다.
- 살살 저어서 오렌지 슬라이스, 파인애플 잎, 방금 갈아낸 신선한 육두구, 장식용 우산으로 예쁘게 꾸민다.

아키앤젤

ARCHANGEL

뉴욕주 뉴욕, 리처드 보카토와 마이클 맥길로이 레시피

진에 집착을 보이는 영국인이 플리머스를 콸콸 붓고 앙고스트라 비터스를 몇 방울 넣어서 칵테일이라 부른다 치자. 1800년대 중반 이 레시피를 따른 바텐더는 더 나아가 완벽한 이름을 붙였다. 바로 핑크 진(Pink Gin)이다. 색은 아름답지만 칵테일을 즐기는 현대인들은 별로 만족스럽지 않다. 하지만 마이클 맥길로이의 버전은 확실히 다르다. 맥길로이는 아페롤을 써서 쓴맛과 색을 전부 활용했다. 분홍빛으로 보이지만 엄청나게 독하다는 점을 염두에 두자.

한 잔 기준

오이 슬라이스 2개

진 67.5ml
아페롤 22.5ml

GARNISH
레몬 껍질

- 믹싱 글라스에 얇게 저민 오이를 넣고 마구 으깬다.
- 진, 아페롤, 얼음을 넣고 차가워질 때까지 젓는다.
- 미리 준비한 플루트나 칵테일 글라스에 거른다.
- 레몬 껍질로 장식한다.

세비야의 이발사

BARBER OF SEVILLE

뉴욕주 브루클린, 메종 프리미어 앤 소바주의 윌 엘리엇(Will Elliott) 레시피

윌 엘리엇은 줄렙이나 셰리에 라이를 살짝 가미한 음료를 만들고 19세기 로시니 오페라 「세비야의 이발사」에서 그 이름을 가져왔다. '필요는 발명의 어머니'라는 말을 제대로 보여주는 사례인데, 집에 있는 술을 가지고 이리저리 섞다가 이 칵테일을 만든 것이다. 라이, 셰리, 카펠레티, 오르자를 섞어보니 베이커리에서 파는 음료와 비슷한 맛이 났다. "오르자를 써서 만드는 이탈리아 베이커리에서나 느낄 법한 만자닐라(manzanilla)의 짭짤한 향, 라이의 바삭한 맛, 오렌지 플라워 워터의 느낌이 살짝 감돌았어요."

한 잔 기준

만자닐라 셰리 30ml
이달고 선호
라이 15ml
올드 오버홀트 선호
아페리티보
카펠레티 22.5ml

레몬 주스 15ml
오르자 7.5ml
점안액 병에 든 오렌지
플라워 워터 ½방울

앙고스트라 비터스 3dash

GARNISH
으깬 마르코나
아몬드와 곱게 간
오렌지 제스트

- 칵테일 셰이커에 재료를 넣는다.
- 얼음을 넣고 차가워질 때까지 흔든다.
- 락 글라스나 줄렙 틴에 거르고 으깬 얼음을 올린다.
- 으깬 마르코나 아몬드와 곱게 간 오렌지 제스트를 뿌려서 장식한다.

벤턴스 올드 패션

BENTON'S OLD-FASHIONED

뉴욕주 뉴욕, 돈 리(Don Lee) 레시피

아침 식사와 클래식 올드 패션 사이에서 태어난 이 칵테일은 바텐더 돈 리가 테네시주 매디슨빌에서 벤턴의 대단한 스모키 베이컨에 마음을 빼앗기며 탄생했다. 팻 워싱(fat-washing, 요리용 지방을 술에 우려내는 것) 방식을 활용해 버번이 리가 원하는 맛을 품은 것이다. 그는 아메리칸 브랙퍼스트를 변주해 올드 패션에 진한 메이플 시럽과 오제이 심슨(O.J. Simpson)이 술을 들이켜는 형상을 모방한 오렌지 가니시로 익살스럽게 마무리했다.

한 잔 기준

벤턴 베이컨의 기름을 담근 버번 60ml(알아두기)

B등급 메이플 시럽 7.5ml
앙고스트라 비터스 2dash

GARNISH
오렌지 껍질

- 믹싱 글라스에 재료를 넣는다.
- 얼음을 넣고 차가워질 때까지 젓는다.
- 락 글라스에 얼음을 넣고(커다란 각얼음 선호) 그 위로 따른다.
- 오렌지 껍질로 장식한다.

베이컨 지방이 우러난 버번 만드는 방법을 소개한다. 우선 45ml의 따뜻한 베이컨 지방(벤턴산 혹은 두껍게 썬 베이컨 선호)을 작은 소스팬에 담아 약한 불에 올린다. 지방이 녹을 때까지 5분 정도 젓는다. 커다란 그릇에 녹은 지방과 버번 750ml를 넣고 젓는다. 4시간 동안 우려서 냉동실에 2 시간 동안 넣어둔다. 굳은 지방을 제거하고 타월지나 성긴 면직물에 버번을 잘 걸러서 병에 담아 냉장실에 보관한다.

비터 인텐션스

BITTER INTENTIONS

텍사스주 휴스턴, 앤빌의 바비 휴젤(Bobby Heugel) 레시피

이례적인 방식으로 비터스를 포용했을 때 일어날 수 있는 가장 아름다운 결과물을 바텐더 바비 휴젤이 보여주었다. 그는 캄파리를 진처럼 활용하여 콜린스가 아메리카노를 만난 느낌으로 클래식 식전주의 매력을 선사했다. 캄파리는 쓴맛 때문에 널리 사용되나 시트러스와 섞으면 감귤류의 특성이 두드러진다. 휴젤은 여기에 바닐라 맛이 나는 카르파노 안티카 베르무트를 매치해 리큐어의 단맛을 얻어냈다.

한 잔 기준

탄산수 45ml
캄파리 60ml

레몬 주스 22.5ml
심플 시럽 22.5ml(332p)

베르무트 30ml
카르파노 안티카 선호

GARNISH
오렌지 슬라이스

- 얼음을 넣지 않은 콜린스 글라스에 탄산수를 붓는다.
- 칵테일 셰이커에 캄파리, 레몬 주스, 심플 시럽을 넣는다.
- 얼음을 넣고 차가워질 때까지 흔든다.
- 준비한 잔에 걸러서 으깬 얼음을 채운다.
- 베르무트를 붓고 오렌지 슬라이스로 장식한다.

비터 마이 타이

BITTER MAI TAI

뉴욕주 브루클린, 도나의 제레미 외텔(Jeremy Oertel) 레시피

브루클린의 드램에서 바텐더로 일하던 제레미 외텔이 유명한 티키 바텐더 브라이언 밀러의 파티에 참석했다. 그는 럼 대신 도수가 높고 향신료를 넣은 앙고스트라 비터스를 쓰는 마이 타이의 변종을 보고 한번 따라 해보고 싶었다. 그러나 비터스는 자유롭게 쓰기엔 너무 비싸서 대신 캄파리를 넣었다. “캄파리는 쓰지만 과일 맛을 돋보이게 해주는데, 특히 그레이프프루트와 조합이 좋아 티키 칵테일에 잘 어울립니다.” 또한 그는 스미스 앤 크로스의 자메이칸 럼을 써서 묵직한 펑키함을 주었다.

 한 잔 기준 

캄파리 45ml
자메이칸 럼 22.5ml
스미스 앤 크로스 선호

오렌지 퀴라소 15ml
라임 주스 30ml
오르자 22.5ml

GARNISH
민트 가지

- 칵테일 셰이커에 재료를 넣는다.
- 얼음을 조금 넣고 흔든다.
- 락 글라스에 으깬 얼음을 채우고 그 위로 거른다.
- 으깬 얼음을 더 올리고 민트 가지로 장식해서 완성한다.

비터 톰

BITTER TOM

노스캐롤라이나주 더럼, 불 더럼 맥주 회사의 브래드 파렌(Brad Farran) 레시피

비터 톰은 브래드 파렌이 브루클린 클로버 클럽의 바에서 자신의 메뉴에 충원할 콜린스 칵테일을 만들다가 탄생했다. “원조 콜린스는 각 비율을 합산한 것보다 훨씬 더 깊은 맛을 내는 단순한 재료의 경이로움을 보여줍니다. 다만 긴 잔에 마시는 음료라 새로운 콜린스 칵테일을 만들어야 하는 특별한 어려움이 있었습니다. 탄산수를 넣어 양만 늘린 음료가 너무 많았으니까요. 3차원으로 맛을 느끼려면 어떻게 해야 할까요?” 달콤하고 톡 쏘는 석류 당밀이 탄산수에 질감, 산미, 맛을 더하는 핵심 역할을 톡톡히 해주었다.

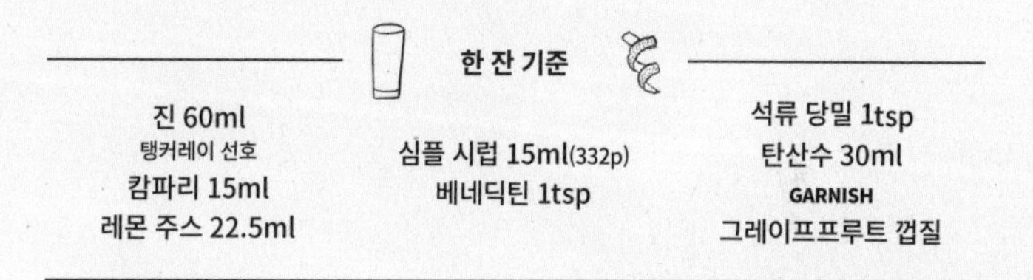

한 잔 기준

진 60ml
탱커레이 선호
캄파리 15ml
레몬 주스 22.5ml
심플 시럽 15ml(332p)
베네딕틴 1tsp
석류 당밀 1tsp
탄산수 30ml
GARNISH
그레이프프루트 껍질

- 칵테일 셰이커에 탄산수를 제외한 재료를 넣는다.
- 얼음을 넣고 셰이커 틴 양쪽으로 이리저리 흔든다.
- 콜린스 글라스에 얼음을 채우고 그 위로 거른다.
- 탄산수를 붓는다.
- 그레이프프루트 껍질로 장식하면 완성된다.

부 래들리

BOO RADLEY

뉴올리언스, 프렌치 75의 크리스 해나(Chris Hannah) 레시피

하퍼 리(Harper Lee)의 위대한 남부 소설 「앵무새 죽이기(To Kill a Mockingbird)」에 등장하는 신비로운 이웃의 이름을 딴 부 래들리는 잘 알려지지 않은 남부 클래식인 크리올 칵테일을 활용했다. 비록 남부에서 비롯된 것은 아니지만(1916년 휴고 엔슬린의 「칵테일 제조법」에서 맨해튼의 변형으로 처음 등장했다) 크리올이라는 이름은 확실히 루이지애나의 유산과 관련이 있고, 그래서 뉴올리언스에 자리한 프렌치 75의 크리스 해나가 이를 청사진으로 활용한 것이다. "부 래들리는 순결과 선에 대한 악마의 가장 극적인 응답이라고 할 수 있어요. 균형이 좋았죠. 전 이 칵테일에서 치나(Cynar)의 쓴맛이 체리 헤링의 깔끔한 달콤함과 잘 어울린다고 생각해요."

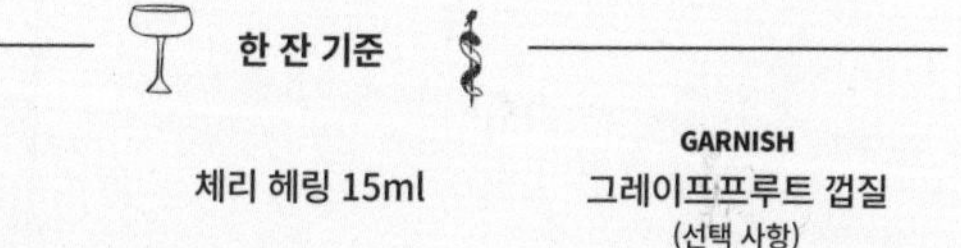

버번 60ml
치나 22.5ml

체리 헤링 15ml

GARNISH
그레이프프루트 껍질
(선택 사항)

- 믹싱 글라스에 재료를 넣는다.
- 얼음을 넣고 차가워질 때까지 젓는다.
- 서늘한 쿠페 글라스나 칵테일 글라스에 거른다.
- 레몬 껍질과 오렌지 껍질을 비틀어 짜서 칵테일에 떨어뜨린다.
- 원한다면 시트러스 껍질로 장식한다.

브램블

BRAMBLE

런던 근대 칵테일의 아버지 딕 브래드셀(Dick Bradsell)이 1984년 소호의 프레즈 클럽에서 일할 때 이 레시피를 만들었다. 코블러처럼 보이는 진 사워가 될 수밖에 없었지만 브래드셀은 싱가포르 슬링(178p)의 감성적인 플레이를 염두에 두고 영국산 제품을 사용했으며, 여기에 블랙베리와 크렘 드 뮤어(crème de mûre, 블랙베리 리큐어)를 활용해 '아일 오브 와이트(Isle of Wight)에서 보낸 어린 시절을 추억하는' 맛을 구현했다.

 **한 잔 기준** 

진 60ml
레몬 주스 22.5ml

심플 시럽 7.5ml(332p)
크렘 드 뮤어 15ml

GARNISH
블랙베리와 레몬 슬라이스

- 칵테일 셰이커에 진, 레몬 주스, 심플 시럽을 넣는다.
- 얼음을 넣고 차가워질 때까지 흔든다.
- 락 글라스에 으깬 얼음을 넣고 그 위로 거른다.
- 크렘 드 뮤어를 뿌리고 블랙베리와 레몬 슬라이스로 장식한다.

직거래 장터에서 사 온 신선한 블랙베리가 있다면 크렘 드 뮤어 대신 베리 5~6개와 심플 시럽 22.5ml를 셰이커에 넣고 잘 섞은 뒤 진과 레몬 주스를 넣는다. 이 음료는 신선한 라즈베리로 만들어도 똑같이 근사하다.

브란콜라다

BRANCOLADA

뉴욕주 브루클린, 도나의 제레미 외텔 레시피

브란콜라다는 슬러시 느낌의 여름철 디저트 음료 퍼넷 브란카 멘타(Fernet Branca Menta)에서 출발했고, 업무 교대 전에 장난치다 영감을 받았다. "드램에서 일할 때 브란카 멘타를 차갑게 만드는 기계가 있었어요. 칵테일 웨이트리스가 아이스크림 샌드위치를 가져오곤 했는데 우리가 그 위에 뿌려본 거죠." 전통적인 피나 콜라다(154p)를 변주한 이탈리아와 열대지방이 만난 브란콜라다는 오렌지와 파인애플 주스, 골든 럼, 코코넛 밀크, 시원한 브란카 멘타를 부드럽게 섞었다.

 **한 잔 기준** 

퍼넷 브란카 멘타 30ml
자메이카 럼 30ml
애플턴 이스테이트 VX 리저브 선호

파인애플 주스 45ml
오렌지 주스 7.5ml
코코넛 크림 30ml
(코코 로페즈 크림 오브 코코넛과 코코넛 밀크 3:1 비율)

GARNISH
민트 가지와 오렌지 슬라이스

- 블렌더에 재료를 넣고 1½~2컵 분량의 얼음을 넣는다.
- 부드럽게 갈릴 때까지 돌려서 허리케인 글라스에 따른다.
- 민트 가지와 오렌지 슬라이스로 장식한다.

얼음을 조금만 넣고 시작한다. 좋아하는 질감을 얻을 때까지 얼음을 조금씩 추가하면서 갈아야 편리하다.

캄파리 래들러

CAMPARI RADLER

프로프라이터스 LLC의 알렉스 데이(Alex Day) 레시피

과일 탄산음료와 맥주의 조합인 래들러는 그 자체만으로 완벽한 한여름 음료다. 알렉스 데이의 캄파리 래들러는 호주산 그레이트푸르트 맛 래들러와 레몬 주스가 어우러져 시트러스의 풍미가 두 배로 늘었고, 달콤쌉싸래한 캄파리를 넣어 거품이 있는 아메리카노 같은 느낌을 준다.

한 잔 기준

캄파리 30ml

레몬 주스 7.5ml

슈티글 그레이프프루트 래들러 1캔 혹은 다른 래들러, 맨 위에

- 차갑게 얼려둔 파인 글라스에 캄파리와 레몬 주스를 넣고 맥주를 붓는다.

샤르트뢰즈 스위즐

CHARTREUSE SWIZZLE

캘리포니아주 샌프란시스코, 스머글러스 코브의
마르코 디오니소스(Marco Dionysos) 레시피

21세기 스위즐인 크고 아주 차가운 이 칵테일은 전통적인 카리브의 럼 스위즐을 라임빛 허브가 들어간 프랑스 리큐어 그린 샤르트뢰즈를 베이스로 써서 변경한 것이다. 재료의 조합이 좀 이상한 것 같지만 샤르트뢰즈는 향신료를 넣은 팔레넘과 달콤한 열대과일 파인애플하고 매끄럽게 어우러진다. 톡 쏘는 라임과 수북한 얼음이 배합을 잘 이루어 봄날의 파스텔빛 초록으로 변한다. 마르코 디오니소스는 2003년 그린 샤르트뢰즈 대회에 나가 이 음료를 만들었고, 전 세계 바텐더들에게 엄청난 사랑을 받았다. 그의 입을 빌리자면 샤르트뢰즈 스위즐은 전 세계 130여 개 바에 메뉴로 등록되어 있다고 한다.

한 잔 기준

그린 샤르트뢰즈 37.5ml
벨벳 팔레넘 15ml

파인애플 주스 30ml
라임 주스 22.5ml

GARNISH
라임 휠
길게 썬 파인애플과
파인애플 잎

- 칵테일 셰이커에 재료를 넣는다.
- 얼음을 넣고 차가워질 때까지 흔든다.
- 콜린스 글라스나 파인트 글라스에 얼음을 올리고 그 위로 거른다.
- 라임 휠, 길게 썬 파인애플, 파인애플 잎으로 장식하면 완성이다.

코스모폴리탄

COSMOPOLITAN

뉴욕주 브루클린, 롱아일랜드 바의 토비 체치니 레시피

'코스모'가 사라 제시카 파커(Sarah Jessica Parker) 추종자들이 꼭 들고 있는 액세서리 같은 칵테일이 되기 전, 1988년 뉴욕시 오데온에서 바텐더 토비 체치니가 만든 코스모폴리탄이 존재했다. 그는 플로리다와 샌프란시스코에 떠도는 분홍빛 가짜 마티니 레시피에서 영감을 받아 좀 더 좋은 재료로 이 레시피를 재정비했다. 시트론 보드카, 쿠앵트로, 라임 주스, 크랜베리 주스를 활용한 것이다. 대중적인 팝 문화와 깊은 연관이 생겼지만 원래 코스모폴리탄은 꽤 드라이한 칵테일이며 크랜베리 주스 대신 천연의 무가당 크랜베리 주스를 사용한다. 체치니의 레시피는 살짝 단맛이 도는 콩비에 같은 다른 오렌지 리큐어로 변형해도 된다.

한 잔 기준

시트론 보드카 60ml
앱솔루트 선호

쿠앵트로 30ml
라임 주스 30ml

크랜베리 주스 15ml

- 칵테일 셰이커에 재료를 넣는다.
- 얼음을 넣고 차가워질 때까지 흔든다.
- 차가운 쿠페나 칵테일 글라스에 걸러서 마무리한다.

도로시스 딜라이트

DOROTHY'S DELIGHT

일리노이주 시카고, 케이틀린 라만(Caitlin Laman) 레시피

케이틀린 라만은 도로시스 딜라이트(그녀의 할머니 이름)에서 펀치의 본질적인 재료인 차와 브랜디를 베이스로 활용했다. 여기에 커피 리큐어와 드라이 올로로소 셰리를 넣어 저녁에 마시기 딱 좋은, 진하고 풍미가 있으며 살짝 쓴 음료를 완성했다. "펀치를 만들고 남은 올로로소는 버리지 말고 꼭 드세요." 그녀가 귀띔해주었다.

 **스물다섯 잔 기준** 

브랜디 720ml
타리케 VS 아르마냑 선호
올로로소 셰리 240ml
페르난도 데 카스티야 올로로소 선호
커피 리큐어 60ml
세인트 조지 놀라 선호
레몬 주스 90ml
우린 루이보스차 420ml
그레이프프루트 올레 사카럼 30ml(알아두기 참고)

GARNISH
라임 휠

- 커다란 용기에 재료를 넣고 섞어서 실온에 24시간 놔둔다.
- 펀치 볼에 걸러내고 레몬 휠로 장식한다.
- 얼음을 넣은 개인 컵에 국자로 떠서 서빙한다.

그레이프프루트 올레오 사카럼 만드는 방법을 소개한다. 그레이프프루트 껍질 60ml, 레몬 껍질 30ml, 설탕 240ml를 넣고 으깬다. 지퍼백에 넣고 최대한 공기를 빼서 밀봉한다. 24시간 동안 그대로 둔다. 과일 껍질을 제거하고 사용한다.

필리버스터

FILIBUSTER

캘리포니아주 샌프란시스코, 슬랜티드 도어의 에릭 애드킨스(Erik Adkins) 레시피

샌프란시스코의 바텐더 에릭 애드킨스가 기본 위스키 사워(198p)를 바탕으로 가을에서 영감을 받은 이 칵테일을 만들었다. 심플 시럽 대신 B등급 메이플 시럽을 넣어 맛의 깊이를 더하고 풍성한 거품으로 칵테일을 부드럽게 감싸준 뒤 향신료가 들어간 앙고스트라 비터스를 올려 깔끔하게 마무리했다. 필리버스터는 독한 라이 베이스 덕분에 꽤 인기를 끌었다. 애드킨스는 달걀흰자 거품을 유지하려면 도수가 낮은 라이 위스키를 써야 한다고 알려주었다. 그런데 왜 이런 이름이 붙었냐고? “경마 기사에서 힌트를 얻었어요. 몇 년 전 술 전문 작가 사이먼 디퍼드(Simon Difford)가 칵테일 이름이 필요하면 경마 기사를 보라고 농담처럼 말했거든요. 전 필리버스터가 마음에 쏙 들었어요. 100년 전 클래식 칵테일처럼 들리잖아요.”

한 잔 기준

라이 60ml
사제락 6년산 선호
레몬 주스 22.5ml

B등급 메이플 시럽 15ml
달걀흰자 15ml
혹은 1개 분량

GARNISH
앙고스트라 비터스

- 칵테일 셰이커에 재료를 넣고 드라이 셰이크를 한다.
- 얼음을 넣고 다시 잘 흔든다.
- 차가운 쿠페나 칵테일 글라스에 거른다.
- 가니시는 음료에 앙고스트라 비터스 몇 방울을 떨어뜨리고 이쑤시개로 그어 하트 모양 갈런드를 만들면 예쁘다.

피티 피티 마티니

FITTY-FITTY MARTINI

뉴욕주 뉴욕, 페구 클럽의 오드리 샌더스

마티니는 진(혹은 헉, 보드카!) 버전으로 가장 기본 형태만 남긴 채 1980년대와 1990년대를 보냈다. 어떤 이유인지 베르무트를 살짝 첨가해달라고 요구하면 멋져 보이기도 했다. 오드리 샌더스는 드라이 베르무트와 오렌지 비터스의 즐거움을 다시 알리기 위해 세련된 피티 피티 칵테일을 자신의 뉴욕 바인 페구 클럽에서 선보였다. 진지하게 계량을 연구하고 진의 생태적 특성뿐 아니라 베르무트까지 염두에 둘 정도로 이 칵테일에 정성을 쏟았다. 그녀는 노일리 프랏(Noilly Prat) 베르무트가 있어서 적극적인 탄카레이 진을 매치하는 걸 좋아했다. 그렇지만 좀 더 섬세한 돌린 드라이 베르무트를 쓸 때는 한결 편안한 플리머스와 조합했다. 비터스조차 50:50으로 비율을 맞췄다. 레간과 피 브라더스(Fee Brothers)를 섞어서 말이다. "레몬 트위스트는 절대 빼면 안 돼요. 그게 없으면 피티 피티가 아니니까요."

 **한 잔 기준** 

진 45ml
드라이 베르무트 45ml

오렌지 비터스 2dash
레간과 피 브라더스 1dash씩 선호

GARNISH
레몬 트위스트

- 믹싱 글라스에 재료를 넣는다.
- 얼음을 넣고 차가워질 때까지 젓는다.
- 서늘한 쿠페나 칵테일 글라스에 거른다.
- 레몬 트위스트로 장식하면 완성이다.

플란넬 셔츠

FLANNEL SHIRT

오리건주 포틀랜드, 클라이드 커먼의 제프리 모건테일러(Jeffrey Morgenthaler) 레시피

바텐더 제프리 모건테일러는 사과, 고소함, 향신료, 훈제 등 전형적인 가을의 맛을 활용해 멀드 사이다(mulled cider)를 모방한 플란넬 셔츠를 만들었다. 입에 착 감기면서도 뼛속까지 따뜻하게 데워주는 이 음료는 든든한 스카치를 토대로 애플 사이다, 세인트 엘리자베스 올스파이스 드램(St. Elizabeth Allspice Dram), 달콤쌉싸래한 아마로 아베르나(Amaro Averna)를 가미했다. "이 술은 추수감사절 아침에 마시는 뜨거운 음료를 떠올리게 해요. 물론 차갑게만 마셔야 하지만요."

 **한 잔 기준** 

스카치 52.5ml
애플 사이다 45ml
아마로 아베르나 15ml

레몬 주스 7.5ml
리치 심플 시럽 1tsp(332p)

세인트 엘리자베스 올스파이스 드램 ½tsp
앙고스트라 비터스 2dash

GARNISH
오렌지 껍질

- 칵테일 셰이커에 재료를 넣는다.
- 얼음을 넣고 차가워질 때까지 흔든다.
- 락 글라스에 얼음을 채우고 그 위로 거른다.
- 오렌지 껍질로 장식한다.

플랫아이언 마티니

FLATIRON MARTINI

뉴욕주 뉴욕, 플랫아이언 라운지의 줄리 라이너 레시피

2003년 줄리 라이너가 맨해튼에 플랫아이언 라운지를 처음 오픈했을 때 술을 즐기는 사람들 사이에선 여전히 맛없는 보드카가 취하는 술로 최선이었다. 그 말은 곧 진 마티니는 설 자리가 없다는 뜻이기도 하다. 라이너는 보드카와 릴레 블랑을 50:50 비율로 맞춰 플랫아이언 마티니를 바의 트레이드마크로 끌어올렸다. 릴레의 강렬한 향기와 더불어 일반적인 드라이 베르무트에서는 얻을 수 없는 달콤함이 이 음료의 특징이다. 라이너는 자신만의 음료를 개발하려고 꾸준히 노력했다. 최근에는 릴레 대신 코키 아메리카노 비앙코를 넣어 씁쓸한 맛을 강조함으로써 이 마티니를 한 단계 더 업그레이드했다.

한 잔 기준

쿠앵트로 7.5ml
보드카 45ml
릴레 블랑 45ml

GARNISH
오렌지 껍질

- 쿠앵트로를 살짝 뿌려 칵테일 글라스를 가볍게 적시고 남은 건 따라 버린다.
- 믹싱 글라스에 얼음을 채우고 보드카와 릴레를 섞어서 차가워질 때까지 젓는다.
- 준비한 잔에 걸러내고 오렌지 껍질로 장식한다.

프로즌 네그로니

FROZEN NEGRONI

오리건주 포틀랜드, 클라이드 커먼의 제프리 모건테일러 레시피

제프리 모건테일러가 개발한 프로즌 네그로니는 그가 뒷마당에서 식사할 때마다 내놓던 네그로니 스노콘(sno-cone, 시럽으로 맛을 낸 셔벗의 일종-옮긴이)에서 출발했다. 시간이 흐르는 동안 비율을 조금씩 조절했지만 전통 방식에서 그리 멀리 가진 않았다. 캄파리, 진, 스위트 베르무트에 심플 시럽과 얼음을 듬뿍 올린 것이 전부다. 그는 슬러시 같은 칵테일을 만들 때 맛의 균형을 위해 과일 주스를 첨가한다. "주스를 넣으면 물로 희석한 것보다 맛이 진해지고 더 살아나죠. 칵테일의 종류에 맞춰 어울리는 주스를 골라야 합니다." 그는 마티니에는 그레이프프루트 주스를, 맨해튼에는 석류 주스를 추천하며 술잔은 플라스틱 솔로 컵이 가장 좋다고 강조했다.

 **한 잔 기준** 

캄파리 30ml
진 30ml
스위트 베르무트 30ml

심플 시럽 22.5ml(332p)
오렌지 1개분의 과즙

GARNISH
오렌지 슬라이스

- 믹서에 재료를 넣는다.
- 얼음을 넣는다(모건테일러는 처음에 180ml를 넣고 추가로 조금씩 더 넣는 것이 좋다고 설명한다).
- 스무디처럼 부드럽게 간다.
- 플라스틱 컵이나 락 글라스에 따르고 오렌지 슬라이스로 장식한다.

진 앤 주스

GIN AND JUICE

뉴욕주 뉴욕, 제이드 소택(Jade Sotack)의 레시피

환상적인 로어이스트사이드의 사이다 바인 와세일은 사이다 칵테일이 주류다. 전직 바텐더 제이드 소택은 진 앤 주스라고 부르는 계절 칵테일을 다양하게 선보였다. 지금 소개하는 봄 버전은 진 앤 토닉(95p)을 변주한 것인데, 소택은 농축된 토닉 시럽과 15ml의 진을 섞어서 베이스를 연출하고 그 위에 스페인산 아스투리아스(Asturias) 사이다를 올려 고전적인 칵테일에 재미를 불어넣었다. 물론 산미가 높은 사이다라면 무엇을 쓰든 잘 어울린다. 이 칵테일은 사용하는 진에 따라 완전히 다른 특성을 보인다. 소택은 탄카레이와 헤이먼(Hayman)의 올드 톰을 모두 사용했다.

 **한 잔 기준** 

진 15m
토닉 시럽 30ml
소규모 수제품 선호

스페인 사이다 120ml
트라반코 선호

GARNISH
레몬 껍질

- 얼음을 채운 더블 락 글라스나 콜린스 글라스에 재료를 넣고 잘 섞이도록 젓는다.
- 레몬 껍질로 장식해서 완성한다.

진 블로섬

GIN BLOSSOM

뉴욕주 브루클린, 클로버 클럽의 줄리 라이너 레시피

바텐더 줄리 라이너는 바를 옮길 때마다 시그니처 마티니를 새롭게 바꿨다. 진 블로섬은 브루클린 클로버 클럽의 대표 칵테일이다. 원조보다 더 향긋한 이 칵테일은 과일 맛이 나는 살구 브랜디에 꽃과 바닐라 향을 풍기는 마티니 앤 로시 비앙코를 결합하고 진의 허브 향을 더했다. 한층 드라이하고 쌉싸래한 맛을 강조하고 싶으면 쌉쌀하면서 오렌지 풍미가 도는 토리노산 비앙코 베르무트인 콘트라토 비앙코(Contratto Bianco)를 활용하라고 조언한다.

 **한 잔 기준** 

봄베이 드라이 진 45ml
마티니 앤 로시 비앙코 45ml
살구 브랜디 22.5ml
오렌지 비터스 2dash

GARNISH
오렌지 껍질

- 믹싱 글라스에 재료를 넣는다.
- 얼음을 넣고 차가워질 때까지 젓는다.
- 쿠페 글라스에 걸러낸다.
- 기름이 배어나오게 누른 오렌지 껍질로 장식한다.

글래스고 뮬

GLASGOW MULE

뉴욕주 브루클린, 그랜드 아미 바의 데이먼 볼테 레시피

스카치 베이스여서 붙은 이름인 글래스고 뮬은 브루클린의 바텐더 데이먼 볼테가 단순한 뮬 공식을 써서 만든 칵테일이다. 재료는 스피릿, 시트러스, 진저 비어가 전부다. 베이스가 되는 스피릿을 어떻게 바꾸냐에 따라 칵테일의 의도와 균형이 완전히 달라진다는 점을 제대로 보여주는 사례다. 볼테는 스카치의 강한 맛을 누그러뜨리기 위해 신선한 레몬, 다방면에서 활약하는 생제르맹 엘더플라워 리큐어와 향신료가 가미된 피버 트리의 진저 비어를 섞고 향을 더해줄 앙고스트라 비터스 몇 방울로 이 시큼하면서도 알싸한 칵테일을 완성했다.

 **한 잔 기준** 

혼합 스카치 45ml
생제르맹 15ml
레몬 주스 22.5m

앙고스트라 비터스 1dash
진저 비어 120ml
피버 트리 선호

GARNISH
이쑤시개에 꽂은
레몬 휠과 설탕 조림 생강

- 커다란 뮬 머그(이 정도는 갖추고 있다면)나 콜린스 글라스에 재료를 차곡차곡 올린다.
- 으깬 얼음을 넣고 섞는다.
- 레몬 휠과 설탕에 조린 생강을 이쑤시개에 끼워서 장식한다.

고투

GO-TO

뉴욕주 브루클린, 엑스트라 팬시의 롭 크루거(Rob Krueger) 레시피

"진저 비어는 케첩으로 통했어요." 롭 크루거가 이 말을 한 건 칵테일 세계에서 진저 비어는 어쩔 수 없이 사람들을 즐겁게 해주는 사이드 역할이라는 의미다. 그렇다고 맛을 떨어뜨리는 건 아니다. 그는 이 레시피를 통해 진, 오이, 민트, 생제르맹(바텐더의 원조 케첩인)을 활용했다. 너무 달지 않게 해달라거나 오이를 넣어달라는 등 상큼한 진 혹은 보드카 베이스 칵테일을 요구하는 손님들에게 맞추다 보니 다양한 버전이 생긴 것이다. 어느 날 밤 그의 설명을 들은 손님이 "아, 그러니까 이게 당신의 고투군요?"라고 되물은 데서 영감을 받아 고투라고 이름 지었다.

한 잔 기준

진 60ml
포즈 선호
생제르맹 15ml
라임 주스 22.5ml

오이 슬라이스 3개
민트 잎사귀 8~10장
진저 비어, 맨 위에

GARNISH
민트 가지와
오이 휠

- 콜린스 글라스에 진, 생제르맹, 라임 주스를 섞는다.
- 얼음을 넣고 오이 슬라이스와 민트 잎을 올린다.
- 잔 위에 작은 믹싱 틴을 올리고 두드리는 '치트 셰이크(Cheat shake)'를 한 뒤 가볍게 흔든다.
- 진저 비어를 붓고 신선한 민트 잎과 오이 휠로 장식한다.

하트 셰입드 박스

HEART-SHAPED BOX

테네시주 내슈빌, 차한 에일 앤 마살라 하우스의 프레디 슈벤크(Freddy Schwenk) 레시피

과일을 많이 넣어서 도수가 낮은 핌스 넘버 1으로 만드는 전통적인 핌스 컵(152p)과 달리, 프레디 슈벤크는 이 자극적이고 현대적인 변형 음료에 레몬그라스, 비터 레몬 소다와 진을 넉넉하게 붓고 라임즙을 짜 넣어 단맛을 가미했다. 밸런타인데이를 연상시키는 빨간색이지만 그 이름은 너바나(Nirvana)의 노래 제목에서 따왔다.

한 잔 기준

라즈베리 한 움큼
오이 슬라이스 2개
핌스 넘버 1 45ml

진 15ml
랜섬 올드 톰 선호
라임 주스 7.5ml
레몬그라스 시럽 7.5ml
(알아두기)

쓴맛의 레몬 소다, 맨 위에
피버 트리 선호

GARNISH
대나무 꼬치에 끼운 신선한 라즈베리

- 믹싱 틴에 라즈베리와 오이 슬라이스를 넣고 으깬다.
- 핌스, 진, 라임 주스, 레몬그라스를 넣는다.
- 잘 흔들어서 커다란 콜린스 글라스에 더블 스트레인을 한다.
- 레몬 소다를 올리고 대나무 꼬치에 끼운 라즈베리로 장식한다.

레몬그라스 시럽 만드는 방법을 소개한다. 소스팬에 물, 설탕, 레몬그라스 줄기를 1:1:4의 비율로 넣고 중간 불에 올린다. 한소끔 끓여서 2시간 동안 식히고 레몬그라스를 걸러낸다. 냉장실에 보관하면 한 달 동안 사용할 수 있다.

히비스커스 펀치 로얄

HIBISCUS PUNCH ROYALE

캘리포니아주 샌프란시스코, 스머글러스 코브와
화이트채플(Whitechapel)의 마틴 케이트(Martin Cate) 레시피

스머글러스 코브에서 가장 높은 인기를 구가하는 음료는 히비스커스 럼 펀치(Hibiscus Rum Punch)로 일주일에 100잔이 팔린다. 이 음료 역시 카리브의 고전 칵테일인 스파이스드 히비스커스 펀치(Spiced Hibiscus Punch)를 변형한 것이다. 오늘의 주인공인 히비스커스 펀치 로얄은 히비스커스 럼 펀치를 휴가용 대용량 레시피로 바꾼 것인데, 마틴 케이트가 숙성한 럼과 신선한 라임에 시큼한 히비스커스 시럽을 섞어서 만들었다. 차가운 카바(cava)를 넉넉히 따르고 말린 자메이카 히비스커스 꽃을 더하면 그 자체만으로 훌륭한 파티 스타터 역할을 한다.

열두 잔 기준

숙성된 혼합 럼 540ml
애플턴 이스테이트
리저브드 블렌드 선호
히비스커스 시럽 360ml
(알아두기)

리치 심플 시럽
120ml(332p)
라임 주스 180ml
차가운 카바 720ml

GARNISH
시럽에 담근
히비스커스 꽃
라임 휠, 민트 가지

- 카바를 제외한 모든 재료를 섞어서 2시간 동안 차갑게 식힌다.
- 서빙 20분 전에 차가워진 재료들을 으깬 얼음과 함께 펀치 볼에 넣는다.
- 카바를 끼얹어서 잘 젓는다.
- 라임 휠에 히비스커스 꽃을 올리고 민트 가지로 장식한다.

히비스커스 시럽 만드는 방법을 소개한다. 냄비에 물 1컵, 히비스커스 꽃 1컵을 넣고 레몬 껍질과 함께 끓인 다음 설탕 1컵을 붓고 잘 젓는다. 차갑게 식혀서 밀폐 용기에 담는다. 냉장실에 보관하면 한 달 동안 사용할 수 있다.

P

홉 오버

HOP OVER

뉴욕주 뉴욕, 디어 어빙의 톰 릭터(Tom Richter) 레시피

바텐더 톰 릭터는 새로운 맥주 칵테일을 구상하면서 클래식 래들러 레시피에 쌉싸래하고 풍미가 좋은 홉이 들어간 IPA를 베이스로 사용하기 시작했다. "전 그냥 균형이 잘 맞을 것 같다고 생각하는 요소들을 더했을 뿐이에요." 덕분에 맥아가 들어간 게네베르(진의 원조)가 맥주를 보완하고 달콤하면서 매콤한 팔레넘과 오렌지 플라워 워터가 잘 어우러지는 칵테일이 세상에 나왔다.

 **한 잔 기준** 

레몬 주스 15ml
벨벳 팔레넘 22.5ml
게네베르 30ml
오렌지 플라워 워터 2dash
홉 풍미의 IPA, 맨 위에

GARNISH
레몬 휠

- 파인트 글라스에 으깬 얼음을 올리고 재료를 섞은 다음 맥주를 붓는다.
- 레몬 휠로 장식하여 완성한다.

이탈리안 벅

ITALIAN BUCK

워싱턴주 시애틀, 캐논의 제이미 보드로(Jamie Boudreau) 레시피

벅의 필수 재료는 진저 에일 혹은 진저 비어다. 여기에 스피릿, 시트러스, 비터스 1dash 정도를 더한다. 제이미 보드로의 이탈리안 벅은 첨가하는 재료가 전부 정통 이탈리아산이다. 시애틀의 바텐더가 이탈리아 아티초크 베이스의 치나에 볼로냐산 아마로 몬테네그로(Amaro Motenegro)를 더하고 신선한 라임 주스까지 넣어 활기 넘치고 달콤쌉싸래한 맛을 사계절 내내 즐기는 롱 칵테일을 완성했다.

한 잔 기준

치나 45ml
아마로 몬테네그로 45ml

라임 주스 22.5ml
진저 비어 90ml

GARNISH
라임 휠

- 칵테일 셰이커에 치나, 아마로 몬테네그로, 라임 주스를 넣는다.
- 얼음을 넣고 차가워질 때까지 흔든다.
- 콜린스 글라스에 얼음을 넣고 그 위로 걸러낸다.
- 진저 비어를 붓고 기호에 따라 얼음을 추가해도 괜찮다.
- 라임 휠로 장식한다.

조글링 보드

JOGGLING BOARD

조지아주 애틀랜타, 타이콘데로가 클럽의 그렉 베스트(Greg Best) 레시피

화이트 럼 베이스의 조글링 보드는 다이키리(74p)를 한껏 멋부린 변형으로 사우스캐롤라이나의 로 컨트리에서 유행하던 제품을 가져다 이름 지었다. 조글링 보드는 아주 긴 벤치인데 바닥에 흔들의자 같은 스키프(skiff)가 달려 있어서 탄성이 좋아 올라타면 '위아래로 흔들고' 뛸 수 있다. "맛의 균형을 잡는 건 요리를 완성하는 것과도 같습니다. 릴레 로제는 부드러운 꽃향기에 적절한 무게감과 점성이 있어 다른 재료들을 어우르면서도 생강과 럼의 날카로운 부분을 잘 감싸줍니다."

한 잔 기준

화이트 럼 30ml
데니젠 선호
오렌지 퀴라소 15ml
피에르 페랑 선호
릴레 로제 15ml

그레이프프루트 주스 15ml
킹스 진저 리큐어 7.5ml
레몬 주스 7.5ml

막 으깬 검은 후추 1자밤
앙고스트라 비터스 1dash

GARNISH
바다소금 1자밤

- 칵테일 셰이커에 재료를 넣는다.
- 얼음을 넣고 차가워질 때까지 흔든다.
- 준비해둔 쿠페나 칵테일 글라스에 거르고 바다소금 1자밤을 뿌려서 장식한다.

켄터키 벅

KENTUCKY BUCK

캘리포니아주 샌디에이고, 폴라이트 프로비전스의 에릭 카스트로(Eric Castro) 레시피

켄터키주의 스피릿(당연히 버번)에서 이름을 따고 딸기와 신선한 레몬을 첨가한 에릭 카스트로의 남부식 벅은 길고 느긋한 오후에 마시기 좋은 칵테일이다.

 **한 잔 기준** 

딸기 1개
심플 시럽 15ml(332p)
버번 60ml

레몬 주스 22.5ml
앙고스트라 비터스 2dash

진저 비어, 맨 위에

GARNISH
레몬 휠

- 칵테일 셰이커에 딸기를 넣고 심플 시럽을 뿌려서 으깬다.
- 버번, 레몬 주스, 비터스, 얼음을 넣고 차가워질 때까지 흔든다.
- 콜린스 글라스에 얼음을 채우고 더블 스트레인을 한 뒤 진저 비어를 붓는다.
- 레몬 휠로 장식하면 완성이다.

라 봄바 다이키리

LA BOMBA DAIQUIRI

뉴욕주 뉴욕, 푸어링 리본스의 호아킨 시모(Joaquín Simó) 레시피

호이킨 시모의 이 다이키리(74p) 변주는 스페인어로 '폭탄'이라는 의미에서 이름을 땄지만 프랑스 '석류'의 느낌도 살짝 풍긴다. 석류는 이 음료에서 중요한 역할을 하는 재료다. 석류 당밀이 복합적인 톡 쏘는 맛으로 새콤한 라즈베리와 진한 라임 주스에 깊이를 더하기 때문이다. "이 칵테일은 '과일 맛'과 '단맛'이 동의어가 아니라는 점을 근사하게 입증해줍니다."

 **한 잔 기준** 

라즈베리 5개
심플 시럽 15ml(332p)
화이트 럼 60ml
라임 주스 22.5ml
석류 당밀 1tsp

GARNISH
꼬치에 꽂은 라임과 딸기

- 칵테일 셰이커에 라즈베리와 심플 시럽을 넣고 섞는다.
- 남은 재료와 얼음을 넣고 차가워질 때까지 흔든다.
- 미리 준비해둔 쿠페나 칵테일 글라스에 더블 드레인을 한다.
- 라임과 라즈베리를 끼운 꼬치로 장식하면 완성이다.

라틴 트라이펙터

LATIN TRIFECTA

워싱턴주 시애틀, 캐논의 제이미 보드로 레시피

낭만적인 언어를 사용하는 국가에서 재료를 가져온 라틴 트라이펙터는 멕시코, 이탈리아, 스페인의 강하고 짠맛이 나는 트리오인 테킬라, 치나, 셰리에게 바치는 칵테일이다. "테킬라와 셰리는 항상 좋은 친구였어요. 아마로의 달콤하면서도 쓴맛을 더하면 둘이 더욱 잘 어울려요." 제이미 보드로의 말대로 세 가지 재료는 완벽한 트리오를 이룬다.

한 잔 기준

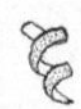

테킬라 30ml
치나 30ml

드라이 셰리 15ml
(올로로소)
오렌지 비터스 3dash

GARNISH
불붙인 오렌지 껍질(28p)

- 믹싱 글라스에 재료를 넣는다.
- 얼음을 넣고 차가워질 때까지 저어서 쿠페나 칵테일 글라스에 거른다.
- 불붙인 오렌지 껍질로 장식한다.

레프티스 피즈

LEFTY'S FIZZ

캘리포니아주 샌프란시스코, ABV의 라이언 피츠제랄드(Ryan Fitzgerald) 레시피

샌프란시스코 ABV의 대표 메뉴인 이 음료는 싱글 메즈칼에서 영감을 받아 그 제품과 창작자의 이름을 붙였다. 델 메그웨이(Del Maguey)의 산토 도밍고 알바라다스(Santo Domingo Albarradas)와 메즈칼레로 에스피리디온 '레프티' 모랄레스 루이스(mezcalero Espiridion 'Lefty' Morales Luis)가 그 주인공이다. 한 마을에서만 생산하는 이 스모키한 음료가 바텐더 라이언 피츠제랄드에게 마라스키노 리큐어를 떠올리게 해주었고, 그는 이를 발판 삼아 마라스키노가 중요한 역할을 하는 헤밍웨이 다이키리(105p)의 맛을 결합했다. 메즈컬은 새콤달콤한 그레이프프루트 슈럽, 라임 주스, 드라이 퀴라소, 달걀흰자를 섞어서 만든다. 마지막에 탄산수를 따라서 거품이 이는 레프티스 피즈는 새콤하고 스모키하면서도 부드러운, 매력적인 칵테일이다.

 **한 잔 기준** 

탄산수 60ml
델 메그웨이
산토 도밍고 알바라다스
메즈칼 45ml(대체품 없음)

드라이 퀴라소 15ml
피에르 페랑 선호
라임 주스 22.5ml
슈럽 앤 코
그레이프프루트 슈럽 22.5ml

달걀흰자 1개분

GARNISH
그레이프프루트 껍질

- 락 글라스에 탄산수를 붓는다.
- 칵테일 셰이커에 남은 재료를 넣고 흔든다.
- 얼음을 넣고 차가워질 때까지 다시 흔든다.
- 락 글라스의 탄산수 위로 거른다.
- 그레이프프루트 껍질로 장식해서 마무리한다.

롱아일랜드 바 김렛

LONG ISLAND BAR GIMLET

뉴욕주 브루클린, 롱아일랜드 바의 토비 체치니 레시피

브루클린의 바텐더 토비 체치니는 전통적으로 넣는 로즈의 라임 코디얼 대신 직접 만든 엄청나게 톡 쏘는 김렛에 라임의 비중을 두 배로 높이고, 생강을 우려서 만든 라임 코디얼과 신선한 라임 주스를 사용했다. 코디얼을 만들려면 우리는 데 오랜 시간이 걸리지만 후회 없는 결과물로 보답해준다.

 **한 잔 기준** 

진 60ml

라임-생강 코디얼 30ml
(알아두기)
라임 주스 22.5ml

GARNISH
라임 휠 2개

- 칵테일 셰이커에 재료를 넣는다.
- 얼음을 넣고 차가워질 때까지 흔든다.
- 락 글라스에 얼음을 넣고 그 위로 거른다.
- 라임 휠로 장식한다.

라임-생강 코디얼 만드는 방법을 소개한다. 라임 9개분의 껍질을 준비하고 과육을 따로 놔둔다. 플라스틱 통에 껍질을 넣고 설탕 1½컵을 흩뿌려 껍질이 다 덮일 정도로 섞는다. 실온에 하룻밤 놔둔다. 한편 껍질을 벗긴 라임의 즙을 낸다. 신선한 생강 ½파운드를 껍질을 벗기고 2.5센티미터 크기로 썬다. 라임 주스와 생강을 믹서에 간다. 다음 날 아침 이 혼합물을 라임-설탕 혼합물에 붓고 잘 섞일 때까지 젓는다. 다시 실온에 24시간 놔둔다. 건더기를 걸러내서 버린다. 밀폐 용기에 액체를 넣고 24시간 동안 냉장실에 보관했다가 사용한다. 이렇게 하면 1쿼트의 코디얼을 얻을 수 있다.

멕시칸 트라이시클

MEXICAN TRICYCLE

메인주 포틀랜드, 헌트 앤 알파인 클럽의 앤드루 볼크(Andrew Volk) 레시피

고전 비시클레타(48p)의 캄파리와 드라이 화이트 와인을 같은 비율로 넣고 탄산수를 올리는 기본 레시피는 계속 변화를 시도하는 자매 스프리츠와 비슷하다. 메인주 포틀랜드의 헌트 앤 알파인 클럽 바텐더 앤드루 볼크는 다양한 버전을 만들었고, 여기에는 그가 계속 유지하는 화이트 노이즈(White Noise, 코키 아메리카노와 엘더플라워 리큐어를 넣어 만든)와 차가운 날씨에 마시기 그만인 이 멕시칸 트라이시클도 속한다. 지금 소개하는 이 칵테일은 스모키한 메즈칼이 음료의 중추 역할을 하나 사이다의 단맛과 치나의 쌉싸래함이 더해져 상큼하고 가볍게 즐길 수 있다.

한 잔 기준

메즈칼 30ml
델 메그웨이 비다 선호
치나 30ml

독한 사이다
반탐 분더킨트 혹은
살짝 단맛이 나는 수제 사이다 선호,
맨 위에

GARNISH
라임 휠

- 300ml 콜린스 글라스에 메즈컬과 치나를 따른다.
- 얼음을 채우고 사이다를 붓는다.
- 라임 휠을 가니시로 활용한다.

모트 앤 멀베리

MOTT AND MULBERRY

뉴욕주 뉴욕, 더 노마드 바의 레오 로비츠셰크(Leo Robitschek) 레시피

뉴욕 리틀이탈리아 지구의 두 거리 이름을 딴 모트 앤 멀베리는 바텐더 레오 로비츠셰크가 위스키 사워(198p)를 가을 느낌으로 변형한 것이며 이탈리아와 미국 재료가 균형을 이룬다. "멀드 사이다의 차가운 버전을 만들어 1년 내내 마시는 게 원래 의도였어요." 그래서 향신료가 들어간 라이, 알싸한 아마로 아바노, 톡 쏘는 애플 사이다에 진한 데메라라 시럽과 신선한 레몬까지 켜켜이 올려 뼛속부터 따뜻해지는 음료를 만들었다.

한 잔 기준

라이 30ml
올드 오버홀트 선호
룩사르도 아마로 아바노 30ml

애플 사이다 혹은
타르트 애플 주스 22.5ml
레몬 주스 15ml

데메라라 시럽 15ml(332p)
GARNISH
얇은 사과 슬라이스

- 칵테일 셰이커에 재료를 넣는다.
- 얼음을 넣고 차가워질 때까지 흔든다.
- 락 글라스에 얼음을 채우고 그 위로 거른다.
- 얇게 저민 사과로 장식해서 완성한다.

마운틴 맨

MOUNTAIN MAN

뉴욕주 뉴욕, 나이트캡의 나타샤 데이빗(Natasha David) 레시피

나타샤 데이빗은 이 흥미로운 위스키 사워(원조 버전은 193p)를 만들기 위해 메이플 시럽을 감미료로 사용했다. "일반적인 심플 시럽이나 데메라라처럼 진한 설탕을 넣은 것과 전혀 다른 맛을 내봤어요." 데이빗은 지파드의 페쉬 드 비뉴(Pêche de vigne) 대신 신선한 복숭아를 써서 메이플 시럽과 강한 생강 맛도 확 줄였다. "과일 리큐어 제품은 대부분 인공적인 맛이 나죠. 하지만 지파드의 제품은 항상 제대로 된 과일 맛을 표현해준다는 걸 알았답니다."

한 잔 기준

버번 60ml
올드 포레스터 선호
지파드 페쉬 드 비뉴 7.5ml

레몬 주스 22.5ml
메이플 시럽 7.5ml

진저 시럽 7.5ml(333p)

GARNISH
설탕에 조린 생강

- 칵테일 셰이커에 재료를 넣는다.
- 얼음을 넣고 차가워질 때까지 흔든다.
- 락 글라스에 커다란 각얼음을 넣고 그 위로 따른다.
- 설탕에 조린 생강 1~2조각으로 장식하면 완성이다.

나토마 스트리트

NATOMA ST.

일리노이주 시카고, 케이틀린 라만 레시피

“몇 년 전에 일한, 이름을 밝히고 싶지 않은 레스토랑에서 매니저가 금방 뻗지 않는, 그래서 일하는 내내 홀짝거릴 수 있는 네그로니와 비슷한 칵테일을 만들어달라고 하더군요.” 그래서 나온 결과물이 나토마 스트리트다. 셰리와 쌉싸래하면서도 풍미가 좋은 그란 클라시코(Gran Classico)를 섞고 드라이 베르무트로 균형을 잡은 낮은 도수 버전의 네그로니(135p)인 셈이다. “상쾌하고 허브 맛이 감돌고 쌉싸래해요. 셰리 베이스 칵테일인데 밤새도록 마셔도 끄떡없어요.” 이 얼마나 좋은 술인가.

 **한 잔 기준** 

아몬티야도 셰리 30ml
이달고 나폴레옹 선호

그란 클라시코 비터 30ml
드라이 베르무트 30ml
돌린 선호

GARNISH
레몬 껍질

- 믹싱 글라스에 재료와 얼음을 넣고 함께 휘젓는다.
- 락 글라스에 커다란 각얼음 하나를 넣고 그 위로 거른다.
- 레몬 껍질로 장식해서 완성한다.

오악사카 올드 패션

OAXACA OLD-FASHIONED

뉴욕주 뉴욕, 마야우엘의 필립 워드(Philip Ward) 레시피

필립 워드는 10년 전 뉴욕의 데스 앤 코에서 일할 때 이 스모키한 올드 패션을 만들었다. “칵테일에 메즈칼을 넣고 이것저것 해보다가 테킬라에 메즈칼을 조금 첨가하면 스테로이드를 탄 것처럼 강해진다는 걸 알았어요. 전체적인 맛도 더 살고 훈연 향도 진해지고 테킬라가 가졌으면 하는 모든 요소가 더 좋아지더라고요.” 워드는 강한 맛의 균형을 잡기 위해 심플 시럽보다 좀 더 진한 아가베 넥타를 활용했다. 주로 사용하는 비터스는 앙고스트라지만 종종 당밀 비터스로 바꿔서 멕시코 맛을 조금 더 가미하기도 했다.

 **한 잔 기준** 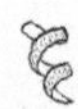

엘 테소로 레포사도 테킬라45ml

델 메그웨이 산 루이 델 리오 메즈칼 15ml

앙고스트라 비터스 2dash

아가베 넥타 1bsp

GARNISH

불붙인 오렌지 껍질(28p)

- 올드 패션용 글라스에 커다란 얼음 하나를 넣고 재료를 함께 섞는다.
- 차가워질 때까지 젓는다.
- 불붙인 오렌지 껍질을 올려서 마무리한다.

올드 히코리

OLD HICKORY

뉴욕주 브루클린, 맥스웰 브리튼(Maxwell Britten) 레시피

"널리 알려지지 못한 뉴올리언스의 칵테일에 경의를 표하고 싶었습니다."
맥스웰 브리튼은 스탠리 클리스비 아서가 1937년에 펴낸 「뉴올리언스의 유명 칵테일과 그 제조법」을 보고 영감을 얻어 올드 히코리(앤드루 잭슨 대통령의 별명)를 만들었다. 브리튼의 버전은 뉴올리언스의 뿌리를 제대로 보여주는 페이쇼드 비터스도 들어간다. 올드 히코리는 베르무트 베이스에 도수가 낮은 칵테일이라 정통 방식이 아니지만 굴에 곁들이면 잘 어울린다는 것이 브리튼의 설명이다.

 **한 잔 기준** 

스위트 베르무트 45ml
카르파노 안티카 선호

드라이 베르무트 30ml
돌린 선호
페이쇼드 비터스 4dash

오렌지 비터스 4dash
GARNISH
오렌지 껍질

- 믹싱 글라스에 재료를 넣는다.
- 얼음을 넣고 차가워질 때까지 젓는다.
- 얼음을 채운 락 글라스 위로 거른다.
- 오렌지 껍질로 장식한다.

옥스퍼드 콤마

OXFORD COMMA

뉴욕주 브루클린, 도나의 제레미 외텔 레시피

브루클린의 바 드램에 어울리는 새로운 진 음료를 만들려고 노력하는 동안 바텐더 제레미 외텔은 특이한 소스에서 영감을 얻었다. 뉴욕의 테킬라 바인 마야우엘에서 그가 가장 즐기던 음료에서 말이다. "셰이크 기법으로 만든 칵테일인 루프 토닉(Loop Tonic)의 맛을 스터드 칵테일로 혼합하는 방식을 찾고 싶었어요. 셀러리와 그린 샤르트뢰즈의 조합이 마음에 들어 그 맛을 유지하면서도 단맛을 살짝 느끼도록 마라스키노를 더했죠." 그는 이 음료에 이름을 붙이지 않고 드램의 사장 톰 채드윅에게 책임을 넘겼다. "제 생각인데 아마도 톰은 재료를 쭉 나열한 다음 마지막에 들어가는 재료들을 분리하려고 옥스퍼드 콤마를 썼겠죠. 그는 그렇게 익살스러운 사람이랍니다."

한 잔 기준
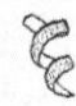

진 60ml
플리머스 선호
드라이 베르무트 22.5ml

그린 샤르트뢰즈 15ml
마라스키노 리큐어 1tsp

비터멘즈 오차드 스트리트 셀러리 슈럽 1dash

GARNISH
레몬 껍질

- 믹싱 글라스에 재료를 넣는다.
- 얼음을 넣고 차가워질 때까지 젓는다.
- 준비해둔 쿠페나 칵테일 글라스에 거른다.
- 레몬 껍질을 가니시로 써서 완성한다.

파당 스위즐

PADANG SWIZZLE

워싱턴주 시애틀, 루상의 잭 오버맨 레시피

티키 드링크 대부분이 야자수와 난초류를 상상하며 탄생했지만 잭 오버맨의 파당 스위즐(인도네시아 웨스트수마트라의 수도 이름을 땄다)은 브루클린에서도 바람이 혹독하게 몰아치는 레드훅 지역의 겨울이 끝나길 바라며 만든 음료다. 그는 티키 같은 셰리 코블러(173p)를 만들어보려고 럼과 가니시인 시나몬 스틱을 태울 때 나는 향기와 비슷한 풍미를 지닌 아일레이 스카치를 추가했다. "덕분에 진하고 고소하면서도 따뜻하게 매콤하고 산뜻한 칵테일에 스모키한 맛과 풍미까지 감도는 조합을 찾았어요."

 **한 잔 기준** 

아몬티야도 셰리 45ml
루스토 로스 아르코스 선호
숙성 럼 15ml
잉글리시 하버 5년산 선호

아일레이 싱글몰트 스카치 7.5ml
라프로잉(Laphroaig) 10년산 선호
라임 주스 22.5ml
그레이프프루트 주스 15ml

시나몬 시럽 22.5ml(333p)

GARNISH
불붙인 시나몬 스틱과 라임 휠

- 콜린스 글라스나 필스너 글라스에 재료를 넣는다.
- 으깬 얼음을 붓고 스위즐 스틱이나 바스푼으로 젓는다.
- 얼음을 더 올리고 불붙인 시나몬 스틱에 라임 휠을 꽂아서 장식한다 (성냥이나 라이터로 조심스럽게 불을 붙인다).
- 마시기 전에 시나몬 스틱의 불이 꺼졌는지 확인한다.

페이퍼 플레인

PAPER PLANE

뉴욕주 뉴욕, 앳어보이의 샘 로스 레시피

뉴욕의 악명 높은 밀크 앤 허니에서 일하던 시절 샘 로스는 칵테일 혁명의 중심축이 된 음료를 여러 가지 선보였다. 페이퍼 플레인도 그중 하나다. 로스는 영국인 래퍼 MIA의 'MIA'를 들으며 이 칵테일을 만들었는데, 이렇듯 균형이 잘 잡히고 활기 넘치는 변주로 가득한 결과가 나올 줄 몰랐다고 전했다. 페이퍼 플레인은 네 가지 재료를 같은 비율로 섞은 음료라 편하게 즐길 것 같지만, 직접 마셔보면 맛의 조화 속에서 각 재료의 특성이 더욱 두드러지는 걸 알 수 있다.

한 잔 기준

버번 22.5ml

아마로 노니노 퀸테센티아 22.5ml

아페롤 22.5ml

신선한 레몬 주스 22.5ml

- 칵테일 셰이커에 얼음을 4분의 3 정도 채우고 재료와 함께 섞는다.
- 차가워질 때까지 흔들어서 쿠페 글라스에 거른다.

SASTEGi
sidra natural

패리시 홀 펀치

PARISH HALL PUNCH

뉴욕주 브루클린, 그랜드 아미 바의 데이먼 볼테 레시피

오클라호마 출신의 데이먼 볼테는 어린 시절 예배를 마치고 교회 홀에서 진저에일이 가득 담긴 펀치 볼과 형형색색 화려한 셔벗을 마시던 시절을 떠올리며 이 펀치를 만들었다. 한층 섬세하지만 더 독한 성인 버전의 이 펀치는 원조의 맛을 그럴싸하게 모방하는 데 성공했다.

 **여덟 잔 기준** 

그레이프프루트 2개
설탕 ¼컵
올드 톰 진 ½컵
그린훅 진스미스 혹은 헤이먼의 올드 톰 선호

아몬티야도 셰리 ½컵
바스크 사이다 ½컵
이사스테기 선호
진저 비어 ½컵
피버 트리 선호

셀처 탄산수 ¼컵

GARNISH

편으로 썬 생강
(7.6센티미터 크기의 신선한 생강으로)
그레이프프루트 슬라이스

- 그레이프프루트의 껍질을 벗긴다(상당히 쓴 중과피가 같이 벗겨지지 않도록 주의한다).
- 커다란 볼에 설탕과 그레이프프루트 껍질을 섞어서 가볍게 버무리고 껍질의 기름이 설탕에 배어들도록 20분 동안 놔둔다.
- 진, 셰리, 사이다, 진저 비어, 셀처 탄산수를 넣고 잘 어우러지게 젓는다.
- 생강과 그레이프프루트 슬라이스를 더해 장식한다.
- 국자로 펀치를 떠서 얼음을 넣은 개인 잔에 내놓는다.

페니실린

PENICILLIN

뉴욕주 뉴욕, 앳어보이의 샘 로스 레시피

샘 로스의 칵테일은 현대 주류 최초로 광팬을 양산한 음료다. 현대 의학 사상 최초의 항생제인 페니실린만큼 혁신적인 등장이었다고 해도 과언이 아니다. 샘 로스가 2007년 뉴욕의 밀크 앤 허니에서 이 칵테일을 처음 선보인 이후 전 세계 바에서 페니실린이 만들어지고 있다. 꿀, 레몬, 생강으로 이루어진 이 토닉은 마음을 진정하는 데 특효가 있다. 스카치와 좋아하는 에일을 골라 넣으면 완성이다.

 **한 잔 기준** 

블렌디드 스카치 60ml
페이머스 그라우스등
허니-진저 시럽 22.5ml
(알아두기)

신선한 레몬 주스 22.5ml
아일레이 싱글몰트
스카치 7.5ml
라프로잉 10년산 선호

GARNISH
설탕을 입힌 생강

-얼음을 4분의 3 정도 채운 칵테일 셰이커에 블렌디드 스카치, 허니 시럽, 레몬 주스를 넣고 차가워질 때까지 흔든다.
- 락 글라스에 커다란 각 얼음 하나를 넣고 그 위로 거른다.
- 아일레이 스카치를 붓고 설탕을 입힌 생강으로 장식한다.

허니-진저 시럽 만드는 방법을 소개한다. 작은 냄비에 꿀 한 컵, 15센티미터짜리 생강 1개분의 껍질과 저민 과육, 물 한 컵을 넣고 끓인다. 한소끔 끓인 뒤 불을 줄여서 5분 동안 뭉근하게 익힌다. 냉장실에 밤새 넣어뒀다가 건더기를 걸러내면 완성이다.

피나 베르데

PIÑA VERDE

캘리포니아주 샌디에이고, 폴라이트 프로비전스의 에릭 카스트로 레시피

폴라이트 프로비전스의 직원이 '초록색 콜라다'라는 재미있는 별명을 붙인 피나 베르데는 원래 에릭 카스트로가 몇 년 전 자신의 피나 콜라다에 이례적으로 그린 샤르트뢰즈를 올리면서 등장했다. 그는 허브 향이 감도는 진한 음료를 만들려고 했다. 그런데 럼이, 그다음에는 진이 잘 어우러지지 않자 스피릿을 전부 폐기하고 정상으로 되돌리기 위해 애썼다. "알코올 도수 55퍼센트인 이 칵테일은 리큐어가 제대로 기를 펼쳐서 칵테일의 주인이 누구인지 잘 보여줍니다." 파인애플 주스와 라임을 더해 과일의 느낌을 살리고 피나 콜라다에서 가장 중요한 코코 로페즈는 원래 버전을 유지했다.

 **한 잔 기준** 

그린 샤르트뢰즈 45ml
파인애플 주스 45ml

코코 로페즈
코코넛 크림 22.5ml
라임 주스 15ml

GARNISH
민트 가지

- 믹서에 재료를 붓고 얼음(보통 크기의 각얼음 5~6개를 으깬다)을 넣는다.
- 부드러워질 때까지 갈아서 티키 머그에 따른다.
- 민트 가지로 장식해서 마무리한다.

처음에는 얼음을 조금만 넣고 갈면서 원하는 질감을 찾을 때까지 추가한다.

폼펠모 사워

POMPELMO SOUR

뉴욕주 뉴욕, 에스텔라의 사라 부아졸리(Sarah Boisjoli) 레시피

그레이프프루트 사워와 레몬 밀크 셰이크를 같은 비율로 넣은 사라 부아졸리의 폼펠모 사워는 그레이프프루트 유당을 활용해 진한 시트러스 베이스를 만들었다. 시트러스의 기름을 설탕에 적시는 이 고전 방식은 원래 19세기 펀치를 만들 때만 사용했으나 지금은 바텐더들이 여러 가지 방식으로 활용 중이다. "이렇게 하면 심플 시럽과 그레이프프루트 주스를 쓸 때보다 풍미가 진해지고 희석되는 양이 적어집니다."

 **한 잔 기준** 

진 45ml
뉴욕 양조 업체의 도로시 파커 선호
아마로 몬테네그로 15ml

레몬 주스 22.5ml
그레이프프루트 유당 15ml
(알아두기)

달걀흰자 1개분
앙고스트라 비터스 2dash

GARNISH
그레이프프루트 껍질

- 칵테일 셰이커에 재료를 넣고 드라이 셰이크를 한다.
- 얼음을 넣고 차가워질 때까지 흔든다.
- 미리 준비해둔 쿠페나 칵테일 글라스에 거른다.
- 그레이프프루트 껍질로 장식한다.

그레이프프루트 유당 만드는 방법을 소개한다. 우선 커다란 그레이프프루트 1개의 껍질을 벗기고 대충 썬다. 밀폐 용기에 껍질과 설탕 두 컵을 넣고 섞는다. 24시간 동안 그대로 놔둔다. 향이 배어들면 찬물 혹은 상온의 물 1.5컵을 넣고 설탕이 녹을 때까지 섞는다. 사용하기 전에 건더기를 걸러낸다.

파파스 프라이드

POPPA'S PRIDE

뉴욕주 브루클린, 베이식의 제이 짐머맨(Jay Zimmerman) 레시피

벅과 위스키 스매시(197p)로 구성된 생강 맛이 감도는 이 버번 음료는 브루클린의 바텐더 레이 짐머맨의 시그니처 칵테일이다. 그는 레몬 웨지와 민트 잎 대신 버번, 진저 주스와 셰이크 기법으로 섞고 탄산수와 앙고스트라 비터스를 올렸다.

한 잔 기준

버번 60ml
가당 진저 주스 30ml
(알아두기)

레몬 웨지 2개
민트 잎 5장
탄산수 60ml

앙고스트라 비터스 4~5dash

GARNISH
민트 가지

- 칵테일 셰이커에 버번, 진저 주스, 레몬 웨지, 민트를 넣는다. 얼음을 넣고 재료가 차갑게 섞이도록 흔든다.
- 하이볼이나 콜린스 글라스에 얼음을 채우고 그 위로 따른다.
- 마지막으로 탄산수와 앙고스트라 비터스(너무 아끼지 말고 부을 것)를 올린다.
- 민트 가지로 장식해서 완성한다.

짐머맨은 진저 주스와 설탕을 3:1 비율로 섞어서 이 가당 진저 주스를 만들었다. 신선한 진저 주스를 구할 수 없다면 5센티미터 크기의 신선한 생강을 구해 껍질을 벗기고 깍둑썰기한 다음 칵테일 셰이커에서 심플 시럽(332p) 22.5ml와 잘 섞는다. 그 위로 남은 재료를 넣는다.

레드 훅

RED HOOK

빈센초 에리코(Vincenzo Errico) 레시피

브루클린(60p)과 맨해튼(114p) 사이를 오가는 이 독한 칵테일은 밀크 앤 허니에서 일하던 바텐더 빈센초 에리코의 손에서 탄생했다. 그는 2003년 맨해튼과 브루클린의 전형적인 위스키 베이스에 체리 향이 감도는 이탈리아 베르무트인 푼테 메스(Punt e Mes)를 몇 방울 떨어뜨려 은은한 쓴맛을 더한 다음 마라스키노 리큐어를 첨가해 단맛을 끌어올렸다. 맨해튼과 브루클린의 원조 레시피를 변형한 현대적인 칵테일이 많지만 오래도록 인기를 유지하는 건 에리코의 칵테일이 대표적이다.

한 잔 기준

라이 60ml

푼테메스 15ml

맛 첨가용
마라스키노 리큐어
7.5~15ml

- 믹싱 글라스에 재료를 넣는다.
- 얼음을 붓고 젓는다.
- 쿠페나 칵테일 글라스에 따르면 완성이다.

리볼버

REVOLVER

캘리포니아주 에머리빌, 프라이즈파이터의 존 샌터(Jon Santer) 레시피

2004년 불릿 버번(Bulleit Bourbon)이 출시되자마자 바텐더의 핵심 재료 목록에 올랐다. 존 샌터는 드라이한 맛과 완벽하게 높은 알코올 도수에 반해 초창기부터 버번을 즐겨 사용해왔다. 또한 세인트 조지 놀라의 커피 리큐어 역시 엄청 좋아하다 보니 불릿이 이 검은 음료와 완벽하게 어울린다는 사실을 깨달았다. 무엇보다 제대로 된 마무리를 위해 극적인 효과를 연출하고 칵테일에 스모키 향 입히는 걸 사랑하는 그의 선택은 불붙인 오렌지 껍질을 가니시로 활용하는 거였다.

한 잔 기준

버번 60ml
불릿 선호

커피 리큐어 15ml
세인트 조지 놀라 선호
오렌지 비터스 2dash

GARNISH
불붙인 오렌지 껍질(28p)

- 믹싱 글라스에서 재료를 넣고 잘 섞는다.
- 얼음을 넣고 차가워질 때까지 젓는다.
- 미리 준비해둔 쿠페나 칵테일 글라스에 거른다.
- 불붙인 오렌지 껍질로 장식해서 완성한다.

리듬 앤 소울

RHYTHM AND SOUL

조지아주 애틀랜타, 타이콘데로가 클럽의 그렉 베스트 레시피

리듬 앤 소울은 맨해튼(114p)과 사제락(168p)을 합친 그렉 베스트의 작품이다. "이 두 가지 칵테일이 국경에 인접한 작은 도시의 중심지를 흔들어놓을 거라고 생각했습니다. 그래서 이 둘을 합쳐 아름다운 결실을 만들어봤어요." 그렉 베스트는 스위트 베르무트 베이스에 감초 향이 도는 허브 세인트를 가미하고 아베르나와 앙고스트라 비터스로 균형을 잡은 이 음료를 "맨해튼의 리듬과 사제락의 소울이 담겼다."라고 정의한다.

한 잔 기준

허브세인트 1bsp
버번 45ml
워든스 선호

스위트 베르무트 15ml
카르파노 안티카 선호
아베르나 15ml

앙고스트라 비터스 4dash
GARNISH
레몬 껍질

- 락 글라스에 으깬 얼음을 채우고 허브 세인트를 넣는다.
- 믹싱 글라스에 남은 재료를 넣는다.
- 얼음을 넣고 차가워질 때까지 젓는다.
- 락 글라스에 허브 세인트와 얼음 혼합물을 살짝 부어서 적시고 남은 건 따라 버린다.
- 믹싱 글라스에 있는 재료를 준비한 잔에 거른다. 레몬 껍질로 장식해서 서빙한다.

로마 위드 어 뷰

ROME WITH A VIEW

뉴욕주 뉴욕, 앳어보이의 마이클 맥길로이 레시피

마이클 맥길로이의 로마 위드 어 뷰는 낮에 먹는 식전주로 적합한 콜린스와 아메리카노(38p) 사이 어디쯤으로 분류되는 음료다. 아메리카노가 쓴맛이 감도는 이탈리아 캄파리와 스위트 베르무트로 이루어졌다면, 맥길로이는 드라이 베르무트로 바꾸고 콜린스의 상큼하고 단맛이 감도는 탄산을 활용했다. 낮은 알코올 도수와 달콤하면서도 쓴맛이 어우러진 이 음료는 고대 이탈리아 도시를 내려다보며 더운 오후를 즐기기에 딱이다.

한 잔 기준

캄파리 30ml
드라이 베르무트 30ml

라임 주스 30ml
심플 시럽 22.5ml(332p)

탄산수, 맨 위에

GARNISH
오렌지 슬라이스

- 칵테일 셰이커에 캄파리, 드라이 베르무트, 라임 주스, 심플 시럽을 넣는다.
- 얼음을 넣고 차가워질 때까지 흔든다.
- 얼음을 넣은 콜린스 글라스에 따라낸다.
- 탄산수를 붓고 오렌지 슬라이스로 장식하면 완성이다.

로열 핌스 컵

ROYAL PIMM'S CUP

캘리포니아주 샌프란시스코, 슬랜티드 도어의 에릭 애드킨스 레시피

에릭 애드킨스는 직접 만든 강렬한 핌스 믹스를 베이스로 로열 핌스 컵이라는 칵테일을 만들어 클래식 버전을 재미있게 바꿨다. "여러 베르무트와 콜린 피터 필드(Colin Peter Field)의 책 「파리 리츠 호텔의 칵테일(The Cocktail of the Ritz Paris)」에 나온 아마리를 혼합해보자는 생각이 들었습니다. 서머 컵은 순서에 맞게 혼합한 다음 스파클링 와인을 올리는 호사를 부리죠. 어디든 샴페인이 올라가면 '로열'이라 부를 수 있어요."

한 잔 기준

핌스 믹스 75ml(알아두기)
스파클링 와인 90ml

진저 에일 45ml
피버 트리 선호
레몬 주스 7.5ml

GARNISH
오이, 레몬 껍질,
민트 가지, 제철 베리

- 420ml 콜린스 글라스에 재료를 섞는다.
- 얼음을 넣고 부드럽게 젓는다.
- 오이, 레몬 껍질, 민트, 베리로 장식한다

애드킨의 핌스 믹스 만드는 방법을 소개한다. 피처에 진 180ml, 캄파리 180ml, 스위트 베리무트 180ml, 드라이 베르무트 180ml, 듀보네(Dubonnet) 180ml, 푼테 메스 90ml를 넣고 잘 젓는다. 1쿼트 분량을 만들어 밀폐 용기에 넣고 냉장실에 보관하면 한 달은 거뜬히 쓸 수 있다.

사쿠라 마티니

SAKURA MARTINI

뉴욕주 뉴욕, 바 고토의 켄타 고토(Kenta Goto) 레시피

바 고토의 하우스 마티니다. 소금에 절인 벚꽃 가니시는 올리브가 주는 전형적인 짠맛의 느낌을 훌륭하고 놀라울 정도로 아름답게 바꿔놓았다. 사쿠라 마티니는 드라이 와인 성격의 사케 베이스와 진을 함께 써서 특별함을 주고 마라스키노의 은은한 꽃향기와 단맛을 섞었다. 켄타 고토는 일본 수입사를 통해 벚꽃을 구했지만 아마존에서도 쉽게 살 수 있다.

한 잔 기준 

사케 75ml
드라이나 미디움 바디 선호
진 30ml

마라스키노 리큐어 ¼tsp
룩사르도 선호

GARNISH
소금에 절인 벚꽃

- 믹싱 글라스에 재료를 넣는다.
- 얼음을 넣고 차가워질 때까지 젓는다.
- 쿠페 글라스에 따르고 소금에 절인 벚꽃으로 장식한다.

세컨드 서브

SECOND SERVE

뉴욕주 뉴욕, 앳어보이의 댄 그린바움(Dan Greenbaum) 레시피

알코올 함량이 적고 부드러운 세컨드 서브의 창작자 댄 그린바움은 꽃향기가 감도는 아마로 몬테네그로(아마리 중 가장 약한 술)에 짭짤한 피노 셰리를 섞었다. 이 음료는 짭짜름한 콜린스의 형태를 띠며 스페인과 이탈리아가 친선 경기를 하는 모양새다. “몇 잔 걸쳐도 심하게 취하지 않는 음료를 만들어보고 싶었어요.”

한 잔 기준

아마로 몬테네그로 30ml
피노 셰리 30ml
발데스피노 이노센테 선호

라임 주스 30ml
심플 시럽 22.5ml(332p)
탄산수, 맨 위에

GARNISH
오렌지 슬라이스

- 칵테일 셰이커에 탄산수를 제외한 모든 재료를 넣는다.
- 잘 흔들어서 얼음을 가득 채운 콜린스 글라스에 따른다.
- 탄산수를 붓고 오렌지 슬라이스로 장식한다.

쇼 미 스테이트

SHOW ME STATE

뉴욕주 뉴욕, 나이트캡의 로버트 삭스(Robert Sachse) 레시피

쇼 미 스테이트는 로버트 삭스의 고향 미주리주에서 따온 이름이다. “뉴욕으로 이주해서 처음 메뉴에 올린 제 음료이자 처음으로 얻은 성취감이라 고향에 대한 자부심이 생겼어요.” 클래식 티키 칵테일인 정글 버드(108p)를 거의 다 변형하는 시도를 감행하면서 쇼 미 스테이트의 탄생기가 시작되었다. 오렌지 주스를 파인애플 주스로, 캄파리를 메즈칼로 바꾸고, 드라이 퀴라소가 블랙스트랩 럼의 자리를 차지했다. 그렇게 쇼 미 스테이트는 시트러스 베이스의 스모키 향이 감도는 자체적인 프로즌 칵테일로 완성됐다.

한 잔 기준

드라이 오렌지 퀴라소 45ml
오렌지 주스 45ml

메즈칼 22.5ml
라임 주스 15ml
심플 시럽 15ml(332p)

GARNISH
성조기가 달린 이쑤시개에 꽂은 라임 휠

- 믹서에 5~6개분의 으깬 각얼음과 모든 재료를 넣는다.
- 곱게 갈아서 콜린스 글라스에 따른다.
- 성조기가 달린 이쑤시개에 라임 휠을 끼워 잔 위에 띄운다.

서프레서 #1

SUPPRESSOR #1

조지아주 애틀랜타, 타이콘데로가 클럽의 그렉 베스트 레시피

"두 공간 사이에 간신히 걸쳐 있는 것 같아요…. 그런 기분이 밤새 지속됩니다." 타이콘데로가 클럽의 폴 캘버트(Paul Calvert)가 전한 서프레서를 마신 소감이다. 알코올 도수가 높은 최신 유행에 피로감을 느낀 캘버트와 그의 파트너이자 전설적인 애틀랜타 바텐더 그렉 베스트가 의기투합해 완전히 새로운 장르의 칵테일을 내놓으면서 그들만의 가이드라인을 세웠다. "바로 섬세함과 뉘앙스예요. 도수가 높은 술에서는 절대로 느낄 수 없는 부분이죠." 캘버트가 설명했다. 이 완벽한 버전이 바로 베스트의 O.G. 서프레서 #1이며 도수가 낮은 칵테일을 만들 때 가장 많이 쓰는 강화 와인을 베이스로 했다. 베르무트에 짭짤한 셰리를 섞고 시트러스 향기를 더해 독한 술에서는 느낄 수 없는 맛의 층을 형성한 것이다.

 한 잔 기준 

드라이 베르무트 30ml
돌린 선호
코키 아메리카노 30ml

PX 셰리 30ml
앨비어 PX 2008 선호
그레이프프루트 비터스 8방울
비터멘즈 선호

레몬 주스 2bsp

GARNISH
오렌지 껍질과 민트 가지

- 줄렙 컵에 으깬 얼음을 넣고 재료를 차곡차곡 올린다.
- 오렌지 껍질과 민트 가지로 장식하면 완성이다.

도쿄 드리프트

TOKYO DRIFT

노스캐롤라이나주 더럼, 불 더럼 맥주 회사의 브래드 파렌 레시피

"맨해튼의 버전은 아주 많지만 일본 위스키를 넣은 건 한 빈도 본 적이 없었죠." 브루클린의 클로버 클럽에서 일하던 2011년에 이 음료를 만든 바텐더 브래드 파렌이 말했다. 일본 수입사가 미국에서 주목받기 시작한 때였다. 파렌은 원대한 계획을 가슴에 품고 미국산 위스키 대신 은은한 미묘함이 감도는 야마자키(山崎)를 썼다. 그리고 향신료 맛이 강한 카르다마로(Cardamaro)로 베르무트에 셰리 같은 느낌을 더한 뒤 샤프롱을 우린 스트레가(Strega)로 톡톡 튀는 맛을 가미했다. "전 항상 발명하고, 개선하고, 기존 클래식 칵테일을 더 나은 쪽으로 바꾸는 시도를 하는 게 좋았어요. 그러면서 아주 간단하게 재료 하나를 다른 걸로 바꾸곤 손을 털며 새로운 음료를 '발명'했다고 자화자찬하는 식은 되지 말자고 다짐했어요."

한 잔 기준

일본 위스키 60ml
야마자키 12년산 선호

스위트 베르무트 22.5ml
카르다마로 15ml

스트레가 1tsp
GARNISH
레몬 껍질

- 믹싱 글라스에 재료를 넣는다.
- 얼음을 올리고 차가워질 때까지 저어서 미리 준비한 쿠페나 칵테일 글라스에 따른다.
- 레몬 껍질로 장식해서 완성한다.

트라이던트

TRIDENT

워싱턴주 시애틀, 로버트 헤스(Robert Hess) 레시피

트라이던트는 시애틀의 열혈 칵테일 신봉자인 로버트 헤스가 네그로니(135p)에서 항해(航海)의 영감을 받아 2000년에 만든 음료다. 고전을 재해석하려고 네그로니의 강하고 쓰고 달달한 세 가지 맛을 같은 특성을 가진 다른 재료로 교체했는데, 이 먼 친척들은 해양 국가에서 왔다. 아쿠아비트를 진으로, 캄파리를 치나로, 스위트 베르무트를 셰리로 바꾸고 피치 비터스(peach bitters)를 맨 위에 1dash만 가미한다. 트라이던트는 시애틀의 대표 칵테일로 부상해 도시에서 가장 유명한 칵테일 바인 지그재그 카페에서 오랫동안 왕좌를 즐기는 중이다.

한 잔 기준

아쿠아비트 30ml
리니에 선호
치나 30ml

피노 셰리 30ml
라 이나 선호
피치 비터스 2dash

GARNISH
레몬 껍질

- 믹싱 글라스에 재료를 넣는다.
- 얼음을 넣고 잘 젓는다.
- 차가운 쿠페나 칵테일 글라스에 걸러낸다.
- 레몬 껍질로 장식하여 완성한다.

웨더드 액스

WEATHERED AXE

일리노이주 시카고, 스코플로의 대니 샤피로(Danny Shapiro) 레시피

시트러스가 들어간 콩비에와 허브의 단맛이 도는 코키 아메리카노를 써서 시원한 여름 칵테일 같은 느낌이지만, 사실 웨더드 엑스는 가니시만 바꾸면 추운 날씨에도 즐길 수 있다. 시카고의 스코플로에서 가장 인기 있는 이 칵테일은 전통적으로 차갑고 신선한 민트 다발과 함께 압생트의 맛을 살짝 가미하지만 1월이 되면 사철 내내 푸른 로즈메리의 향기가 이 음료를 짭짤한 겨울 칵테일로 바꿔준다.

한 잔 기준

버번 45ml
100도짜리
레몬 주스 22.5ml
콩비에 15ml

코키 아메리카노 15ml
진저 시럽 15ml(333p)

GARNISH
민트 가지
(겨울에는 로즈메리로 대체),
압생트 살짝 흩뿌림

- 칵테일 셰이커에 재료를 넣는다.
- 차가운 얼음을 넣고 흔든다.
- 락 글라스에 얼음을 넣고 그 위로 거른다.
- 민트 다발 혹은 로즈메리 가지를 꽂아 장식하고 압생트를 살짝 흩뿌리면 완성이다.

화이트 네그로니

WHITE NEGRONI

런던, 웨인 콜린스 레시피

향이 좋은 겐티아나 베이스의 프랑스 식전주인 수즈가 미국에 진입하기까지 100년이 더 걸렸다. 수년간 바텐더들은 파리에 가서 이 술을 여행 가방에 숨겨 와야만 했다. 하지만 이제 공식 수입을 한 지 몇 년이 지났고 수즈의 가볍지만 씁쓸한 끝 맛이 바텐더들의 마음을 사로잡았다. 수즈는 캄파리나 아마로 같은 강한 비터스의 대체품이 되어 강한 맛은 줄이고 향은 더 짙은 음료로 만들어주었다. 네그로니(135p)의 변형인 이 음료는 런던에서 활동하는 웨인 콜린스의 레시피로 스위트 베르무트 대신 꽃향기가 나는 릴레를 쓰고 캄파리의 쓴맛은 수즈로 중화했다.

한 잔 기준

진 45ml

수즈 22.5ml
릴레 블랑 30ml

GARNISH
레몬 껍질

- 믹싱 글라스에 재료를 넣는다.
- 얼음을 넣고 차가워질 때까지 섞는다.
- 취향에 따라 락 글라스나 차가운 쿠페 혹은 칵테일 글라스를 준비하여 얼음을 채우고 잔 위로 거른다.
- 레몬 껍질로 장식해서 마무리한다

화이트 네그로니 스바글리아토

WHITE NEGRONI SBAGLIATO

뉴욕주 브루클린, 롱아일랜드 바의 토비 체치니 레시피

항간에는 진 대신 스파클링 와인을 넣은 네그로니 스바글리아토(136p)가 밀라노에서 활동하는 한 바텐더의 실수로 탄생했다는 소문이 떠돈다. 모두 알다시피 위대한 음료가 더 진화하려면 일단 유명해져야 한다. 허브를 넣은 수즈가 비앙코 베르무트와 만난 토비 체치니의 스바글리아토 역시 화이트 네그로니(327p)의 모던 클래식 버전이다.

한 잔 기준

수즈 30ml
비앙코 베르무트 30ml
카르파노 선호

스파클링 와인 120ml
프로세코 선호

GARNISH
오이 슬라이스와
오렌지 껍질

- 더블 올드 패션이나 콜린스 글라스에 커다란 얼음을 넣고 재료를 차곡차곡 올린다.
- 길게 저민 오이와 오렌지 껍질로 장식한다.

화이트 러시안

WHITE RUSSIAN

뉴욕주 브루클린, 롱아일랜드 바의 토비 체치니 레시피

간단히 '러시안'이라고 부르는 이 초창기 버전(1930년경)은 지금은 특징이 된 커피 리큐어를 넣지 않았다. 1960년대 칼루아(Kahlua)를 넣은 버전이 유명해지면서 전성기를 맞이하기 전까지 말이다. 좀 더 최근에 이르러선 「위대한 레보스키(The Big Lebowski)」에서 듀드 역을 맡은 제프 브리지스(Jeff Bridges)의 시그니처 음료로 등장하며 유명세를 얻었다. 여기서 소개하는 화이트 러시안은 뉴욕의 유명 바텐더 토비 체치니의 레시피로 커피 리큐어가 두 종류 들어가고 휘핑한 크림을 음료 위에 올리는 등 다채롭다.

한 잔 기준

헤비 크림 120ml
아마레토 7.5ml
룩사르도 아마레토 디 사스키라 선호

보드카 혹은 럼 60ml
앱솔루트 ELYX 보드카 혹은 바바도스 그란데 리저브 럼 5년산 선호

칼루아 15ml
토스키 노첼로 15ml
커피 리큐어 30ml
하우스 스피리츠 선호

- 칵테일 셰이커에 헤비 크림과 아마레토를 넣는다.
- 코일이 달린 호손 스트레이너로 덮고 10초 정도 흔들어 공기를 주입하되 크림이 굳어지지 않도록 주의한다.
- 다른 칵테일 셰이커에 남은 재료를 넣고 차가워질 때까지 흔든다.
- 쿠페나 락 글라스에 거른다.
- 아이스 스트레이너(구멍 뚫린 스푼)를 들고 손가락 하나 분량의 크림을 부어서 음료에 띄운다.

시럽

심플 시럽

1¼컵 분량

흰 설탕, 사탕수수 설탕 혹은 데메라라 설탕 1컵, 물 1컵

작은 소스팬에 설탕과 물을 넣고 약한 불에서 젓는다. 설탕이 다 녹으면 실온에서 식히고 유리병에 담는다. 냉장실에 보관하면 한 달 동안 사용할 수 있다.

리치 심플 시럽

2컵 분량

사탕수수 설탕 혹은 데메라라 설탕 2컵, 물 1컵

작은 소스팬에 설탕과 물을 넣고 약한 불에서 젓는다. 설탕이 다 녹으면 실온에서 식히고 유리병에 담는다. 냉장실에 보관하면 한 달 동안 사용할 수 있다.

허니 시럽

1½컵 분량

꿀 1컵

물 ½컵

작은 소스팬에 꿀과 물을 넣고 약한 불에서 젓는다. 꿀이 다 녹으면 실온에서 식히고 유리병에 담는다. 냉장실에 보관하면 한 달 동안 사용할 수 있다.

진저 시럽

2⅓컵 분량

레시피 하나 분량의 심플 시럽(데운 것)

건더기가 없는 진저 주스 ⅓컵

밀폐 용기에 심플 시럽과 진저 주스를 넣고 젓는다. 차갑게 준비했다가 사용한다. 냉장실에 보관하면 2주 동안 사용할 수 있다

시나몬 시럽

1¼컵 분량

설탕 1컵

물 1컵

5cm 길이의 시나몬 스틱 1개

작은 소스팬에 설탕, 물, 시나몬 스틱을 넣고 약한 불에서 젓는다. 설탕이 다 녹으면 그대로 실온에 하룻밤 뒀다가 걸러서 시나몬 스틱은 버리고 시럽만 유리병에 담는다. 냉장실에 보관하면 한 달 동안 사용할 수 있다.

그레나딘

1쿼트 분량

석류 주스 3컵

설탕 2컵

소금 1자밤

오렌지 껍질 1개분

소스팬에 석류 주스 2컵을 넣고 중간 불에 올려서 끓기 시작하면 불을 낮추고 양이 반으로 줄어들 때까지 뭉근하게 졸인다. 남은 석류 주스 1컵과 설탕을 넣고 계속 약한 불에서 끓이며 설탕이 완전히 녹을 때까지 젓는다. 불을 끄고 소금과 오렌지 껍질을 넣는데, 오렌지 껍질을 통째로 넣기 전에 껍질을 누르거나 비틀어 기름이 배어 나오게 한다. 차갑게 식혀서 껍질을 걷어낸다. 냉장실에 보관하면 2주 동안 사용할 수 있다.

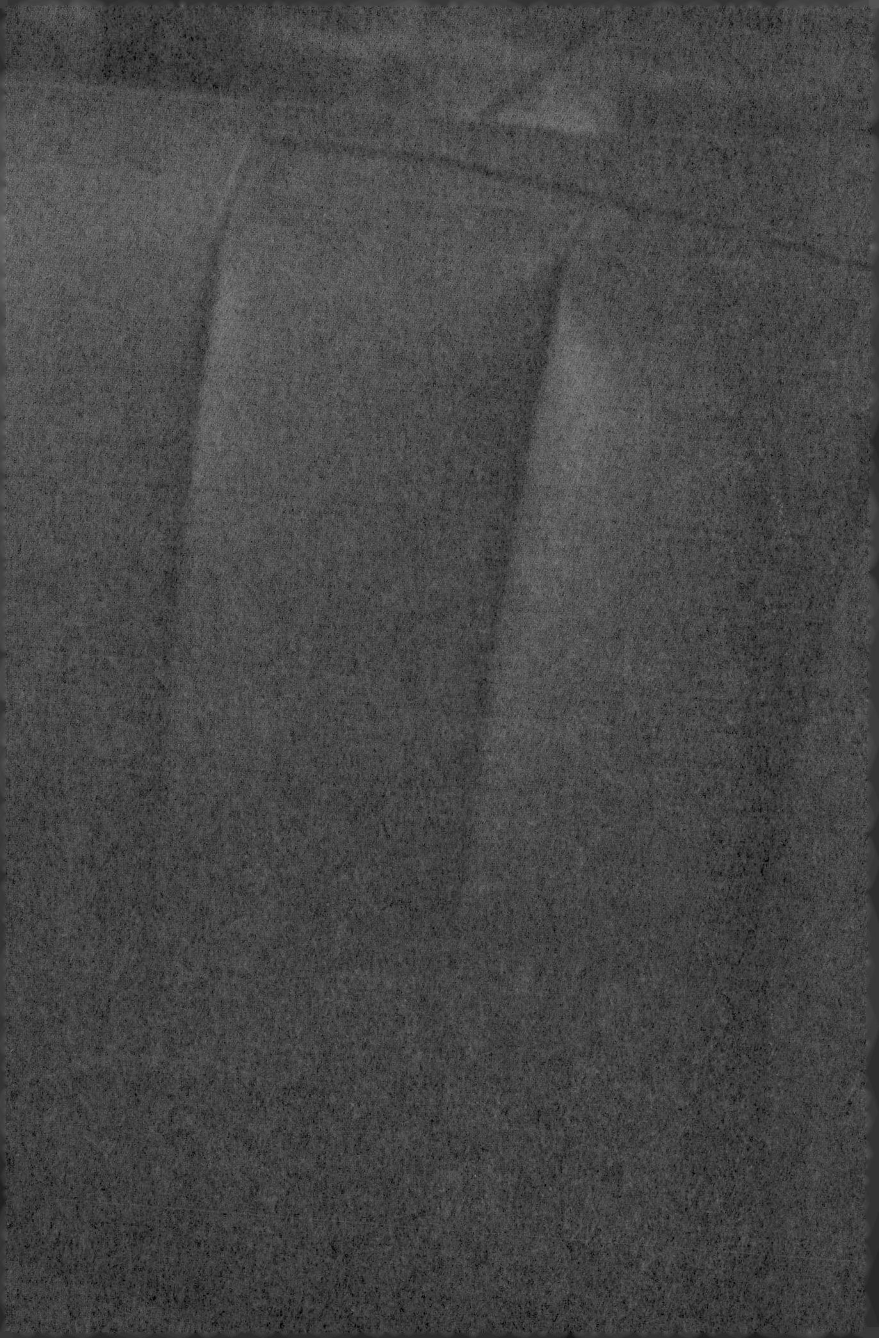

공민희

부산외국어대학교를 졸업하고 영국 노팅엄 트렌트 대학교 석사 과정에서 미술관과 박물관, 문화유산 관리를 공부했다. 현재 번역 에이전시 엔터스코리아에서 번역가로 활동 중이다. 옮긴 책으로는 『아이스키친의 아이스팝 50 레시피』, 『티 소믈리에가 알려주는 차 상식사전』, 『진정한 암스테르담을 만나는 로컬푸드 여행 가이드』, 『진정한 델리를 만나는 로컬푸드 여행 가이드』, 『성경과 함께하는 요리 바이블 쿠킹』, 『드르륵 마리메꼬 만들기』, 『매뉴얼도 알려주지 않는 CANON 650D 활용가이드』, 『와인으로 얼룩진 단상들』, 『보이지 않는 것들』, 『절대 말하지 않을 것』, 『초판본 작은 신사들(작은 아씨들 3)』, 『이상한 나라의 앨리스 초판본 리커버 디자인』, 『혼자 있고 싶은데 외로운 건 싫어』, 『발명 콘서트』, 『지금 시작하는 그리스 로마 신화』, 『명작이란 무엇인가』, 『걱정 말고 그려 봐!』 등 다수가 있다.

1판 1쇄 발행	2022년 6월 10일
엮은이	매건 크릭바움
사진	대니얼 크레이거
옮긴이	공민희
발행인	이상영
편집장	서상민
편집인	이상영
디자인	배어진
마케터	박진솔
교정교열	노경수
인쇄	피앤엠123
펴낸곳	디자인이음
등록일	2009년 2월 4일 : 제 300-2009-10호
주소	서울시 종로구 자하문로24길 20 501호
전화	02-723-2556
이메일	designeum@naver.com
블로그	blog.naver.com/designeum
인스타그램	instagram.com/design_eum

ISBN 979-11-92066-10-3 02590
값 24,000원

The Essential Cocktail Book
- A complete guide to modern drinks with 150 recipes
Edited by megan krigbaum. Photographs by daniel krieger